心简单，世界就简单

洞悉内心世界的秘密

姚贵忠 主编

中央党校出版集团

大有书局

图书在版编目（CIP）数据

心简单，世界就简单：洞悉内心世界的秘密 / 姚贵忠主编 . -- 北京：大有书局，2024.7
ISBN 978-7-80772-033-1

Ⅰ.①心… Ⅱ.①姚… Ⅲ.①心理学—通俗读物 Ⅳ.①B84-49

中国国家版本馆 CIP 数据核字（2023）第 233868 号

书　　名	心简单，世界就简单：洞悉内心世界的秘密
作　　者	姚贵忠　主编
责任编辑	孟宪爽　西　茜
责任校对	李盛博
责任印制	袁浩宇
出版发行	大有书局
	（北京市海淀区长春桥路 6 号　100089）
综 合 办	（010）68929273
发 行 部	（010）68922366
经　　销	新华书店
印　　刷	中煤（北京）印务有限公司
版　　次	2024 年 7 月第 1 版
印　　次	2024 年 7 月第 1 次印刷
开　　本	710 毫米 ×1000 毫米　1/16
印　　张	19
字　　数	214 千字
定　　价	58.00 元

本书如有印装问题，可联系调换，联系电话：（010）68928947

本书编委会

主　任：刘双慧
顾　问：徐　唯　李　洁
成　员：程　嘉　谭　术　苏晓明　魏世伟　董大为
　　　　许媛婷　朱亚男　黄　恺　苏　蕊　熊任飞
　　　　赵　卓　高　晗　陈潇何　王君惠　刘红帅
　　　　刘夏晨曦　马　莉　马树艳　张海欣
　　　　朱天怡　安　心

前　言

作为一名从业36年的精神科医生，很欣慰地见证又一部精神健康的科普作品问世。多年来，随着社会进步，精神卫生工作已经由诊治患病率1%的重性精神病患者，扩展至诊治患病率10%的常见精神障碍患者，再到促进100%的社会人精神健康水平提升；服务的形式也由被动的医疗服务，延伸至家庭和社区的康复服务，进而到关注全社会的精神健康素养，预防精神疾病。其中，健康教育必不可少。

从20世纪90年代起至今，我所工作的北京大学第六医院开展健康教育已有近30年的历史，从每周一次患者家属讲座，每月一次患者和家属分享经验、专业人员现场答疑的联谊会，创办在全国300余家精神专科机构发行的科普月刊《精神康复报》，到开设两周更新一次的科普公众号"精神家园"，出版《精神康复文集》《世界因你而改变》《精神分裂症咨询》《破茧成蝶》等科普书籍，深入企事业单位、学校、社区等地开展心理讲座……我们深知，健康教育工作丰富了精神卫生服务的形式和内涵，比起医务人员被动地在医院里接诊患者更具有社会效益。一路走来，我们也积累了诸多感慨和科普工作经验，在这里与读者和同行分享。

受众上，按年龄划分，"一老一小"一直是精神健康科普的重点。老年人的心理行为问题随年龄增长而日益加重，但求知和调整的能力日渐减弱。儿童青少年心理健康已经得到了全社会前所未有的重视，但孩子们如此普遍和严重的心理问题背后，映衬出的是家庭和社会的教育理念亟待调整。特定人群，例如职场人士、失业人群、家庭主妇、受灾人群、服刑人员等，存在特定的心理健康问题，需要尽可能深入地了解他们的经历和感受，提供针对性强的心理辅导。精神疾病患者及其高危人群是心理科普的直接受众，他们的照护者通常是家属，其更需要了解疾病症状、治疗、护理、康复的相关知识。此外，不仅仅是受到精神健康困扰的人群，全社会都是心理科普的潜在受众，不论年龄、性别、身份、地位、经历如何，每个人都需要提升心理健康素养，预防精神疾病，并且接纳和善待表现出心理行为异常的身边人，营造平和、乐观的社会氛围。

形式上，精神健康科普可多种手段同步进行。随着互联网和传媒技术的进步，张贴讲座通知和邮寄《精神康复报》的时代已经恍如隔世，网站、公众号、电子书、视频直播、互助微信群等形式，大大增加了科普传播的简便性和普及性。纸质读物尽管需求量锐减，但其适合反复翻看、划重点等优势，仍然是不可替代的存在。在我的诊室里，有一位就诊者在讲述病情之前，先拿出我主编的、磨出毛边、记满笔记的科普书，并告诉我这是他睡不着觉时的"枕边书"时，医患关系瞬间拉近。除了阅读、讲座课程、互动交流、同伴支持等科普形式各有特色，需要相互补充。

内容上，科学性是理所当然必须遵守的底线。但什么是科学？谁代表科学？在"万众皆传媒"的时代，大众往往难辨真伪，只能依靠对权威机构和权威专家的信任。知识的系统性，对于科普的传播者和接受者都必不可少。不同的知识点，尽管都言出有据，也可能相互矛盾，只有把握相关信息的完整性和方向性，才能胸有成竹。此外，需求导向是我个人在精神健康教育中一贯强调的，相同的主题，不同文化、不同经历、不同处境的人，可能需求迥异，需要使用不同的语言或文字来表述，尽可能让接收者感到"这就是说给我的"。很多时候，科普作品中，"不说什么"比"说什么"更难以取舍。

效果上，精神健康科普对人、对社会的影响尽管难以量化，但我认为，健康促进的"知、信、行"理论，应该是我们坚守的评价思路。一个科普作品或者活动，仅仅以知识的单向输出为目的，层次就太低了。受众的感受比知识更重要，只有心灵感到触碰、情感引起共鸣、信念得到认同，才能达到"知行合一"的境界。特别是在心理科普中，要追求这样的效果，传播者就不能仅仅做"知识的搬运工"，而要致力于做灯塔——引领方向，播散希望；做火炬——传递温暖，赋能启航。

谨以此序，与同行共勉，请读者明鉴。

姚贵忠

2023.12

《 目 录 》

第一部　用心看见自己的心理困扰

情绪篇：如何做好情绪和压力管理

　　Q1：最近总是特别焦虑怎么办？　3

　　Q2：最近总是觉得情绪低落、食欲不振怎么办？　9

　　Q3：最近总是压力很大，该怎么看待和缓解？　17

　　Q4：莫名地控制不住自己，总想发脾气该怎么办？　25

　　Q5：总是睡不着觉，怎么办？　29

亲子篇：为人父母的必修课

　　Q1：我的孩子是不是得了自闭症？　37

　　Q2：孩子为什么总是动来动去，一刻也坐不住？　39

　　Q3：孩子为什么不愿意学习？　44

　　Q4：孩子为什么宁愿要手机也不要爸妈？　49

　　Q5：孩子为什么总是不合群？　59

　　Q6：如何判断孩子是否正在经历校园霸凌？　62

亲密关系篇：怎样与另一半和谐相处

　　Q1：为什么在恋爱中总是渴望爱却又回避爱？　71

　　Q2：他为什么总是疑神疑鬼？　74

　　Q3：他怎么总是一副拒人于千里之外的态度？　82

　　Q4：他为什么总是那么自恋？　85

　　Q5：他为什么总是情绪不稳定？　94

职场篇：形形色色的人际场

　　Q1：生活一塌糊涂，没有任何目标怎么办？　104

　　Q2：他为什么总是找我茬？　108

　　Q3：他为什么总是大惊小怪、装腔作势？　116

　　Q4：他怎么总是怀疑别人想要害他？　125

　　Q5：为什么在职场中总是讨好别人，从来不敢说"不"？　130

第二部　耐心应对他人的"另类"举止

生理篇：陌生人的"另类"生理反应

　　Q1：为什么有人一到广场就会头晕目眩？　143

　　Q2：为什么有人一到地铁里就会心跳加速、呼吸困难？　149

Q3：为什么有人一到封闭性的环境就会大脑一片空白？ 153

情绪篇：陌生人的"另类"情绪

Q1：为什么有人一开车就火大？ 160

Q2：为什么有些人会害怕和别人说话？ 164

行为篇：陌生人的"另类"行为

Q1：如何看待有人在大庭广众之下脱裤子？ 172

Q2：如何看待有人在街上对着空气自言自语？ 181

Q3：如何看待有人在公共卫生间一直洗手？ 186

第三部　精心陪伴患病的亲爱家人

面对篇：坚定信心，拥抱希望

Q1：怎样看待精神专科医院/精神专科门诊？ 195

Q2：如何在日常生活中发觉家人的异常？ 204

Q3：家人意见不一致，如何与患者达成共识？ 209

Q4：当家里有患者时，会生出一种病耻感，该怎么面对？ 212

界限篇：划定边界，携手前行

Q1：家属为什么要和患者设置边界？ 219

Q2：家属怎样维持良好的生活节奏？ 224

Q3：家属怎样和患者划定边界？ 228

Q4：家属该如何保护自己的边界？ 231

康复篇：掌握技巧，用对方法

Q1：精神障碍患者能够复元吗？ 235

Q2：患者处于疾病的不同阶段，家属该如何调整自己的预期？ 239

Q3：患者的状况起起伏伏，家属该怎么调节情绪？ 241

Q4：家属需要了解哪些关于服药的知识？ 245

Q5：家属如何与不同阶段的患者沟通？ 247

Q6：家属如何在患者不同阶段做好防范？ 250

Q7：家属如何帮助患者更好地应对学习问题？ 252

Q8：家属如何帮助患者恢复正常的工作？ 256

Q9：患者是否能够正常地结婚生子？ 259

Q10：患者康复后，家属如何帮助患者防止复发？ 263

术语表 268

参考文献 272

医院求助电话 285

后记 287

第一部

用心看见自己的心理困扰

在忙碌而充实的生活中，总有一些事情看似平常，却让你感到难以应对。或许你开始觉得，人生的忧虑总比快乐要多。然而，负面情绪的存在自有其道理：恐惧帮助我们逃离危险，愤怒帮助我们捍卫自己的利益，悲伤可以促进我们获得社会支持……这些情绪是我们的一部分，让我们品尝到生活的酸甜苦辣。重要的是，不要让情绪蒙蔽了智慧的双眼。

没有人是一座孤岛，我们在与他人接触的过程中认识自己，超越自己。经营亲密关系和为人父母都是无比深奥的学问，温馨的时刻常与烦恼和困惑相伴；职场中存在着诸多纷纷扰扰，却不曾让我们停止对互信合作的期盼。但最终，只有你才是解开谜题的钥匙。在这一部分，你将学会如何发现和应对自己的情绪、需要和心理困扰。

情绪篇：如何做好情绪和压力管理

Q1 **最近总是特别焦虑怎么办？**

　　李明是一位年轻的职场新人，他在一家知名公司工作。自从进入职场，他就感到异常焦虑和紧张。他总是担心自己的表现不符合公司的期望，担心犯错或者被人批评。即使在工作得到认可和赞赏的时候，他仍然感到不安和压力。这种焦虑情绪近期开始渗透到他的日常生活中。他发现自己越来越难以集中注意力，经常感到紧张和不安。他开始有意回避社交，尤其是大型人群和陌生人之间的互动。即使在熟悉的人面前，他也会感到自我意识过强，害怕自己的言行被别人评价或嘲笑。他的睡眠质量也开始下降，经常夜里醒来难以重新入睡。同时，李明的身体开始出现一些不适，如头痛、肌肉紧张和消化不良。这些身体上的症状进一步加重了他的焦虑，使他进入了一个恶性循环。李明意识到自己可能需要专业的帮助，于是他来到医院进行评估和诊断。

　　在现代生活中焦虑问题日益突出，成为无法回避的社会现象。在这个快节奏、高压力的社会中，我们面临各种各样的压力源，如工作、学业、社交媒体的焦虑等，这些都可能导致焦虑障碍产生，焦虑似乎成了我们现代人的精神常态。但是实际上，我们并不能够忽视焦虑的存在及可能带来的负面影响。那么焦虑到底是一种什么感受？焦虑达到什么状态我们才需要求助于专业的治疗呢？

什么是焦虑

作为正常人所具备的一种基本情绪反应，焦虑常存在于工作、学习和生活当中。焦虑的主要表现是莫名其妙或者没有明确对象、原因的紧张、担心、害怕，在行为上可能表现为坐立不安、静不下来，忍不住来回走动，更有甚者，会产生生理上的反应，比如腹泻、便秘、心慌、手抖、出汗、尿频、尿急等。

为什么会产生焦虑

首先，焦虑往往产生于人们对未知的恐惧。我们不知道未来会发生什么，一切都是未知数，我们害怕事情朝着自己没有准备的方向发展，所以感到焦虑。但是没有人会在一天中的每个时刻都处于焦虑之中，一般来说，当非常在意某事，或者即将发生的事存在一些难度，给自己带来一定压力的时候，我们更容易陷入焦虑之中。当事情的难度超过自己的能力范围，焦虑也容易超出适当的程度，变成内心的干扰，甚至变成痛苦。当我们清醒地认识到，即将发生的事情自己没有能力解决，可能会心慌意乱、焦虑烦躁，无法正常地工作和学习。

其次，焦虑还可能源于内心的不安全感。安全感对于每个人来说都非常重要，当我们感觉到不安全时，就容易焦虑。比如，当我们身处陌生而黑暗的森林中，迟迟找不到正确方向时，内心就容易产生绝望与焦急感，这种情绪就是由不安全感带来的焦虑。在生活中有一种很常见的情况，有的人，虽然他的伴侣一直很专一和忠诚，但是他依然不放心，总认为对方可能出轨，于是通过查看手机、不断盘问审查等方式来减轻自己的不安全感。但是这样做只会导致两个人之间矛盾加剧，会进一步加深不安全感。如果我们的焦虑来自内心安全感的缺乏，我们就要明白有的安全感需要别人来给予，但更多时候需要自己给予。因此，我们要充实自己的生活，找到能够给予自己安全感的方式，看到问题积极的一面，让自己的内心变得更阳光、更乐观，我们的焦虑会减轻很多。

最后，过分追求完美也可能导致焦虑的产生。有时候焦虑并不是因为我们知道自己办不好某件事儿，而是源于结果达不到自己内心的期望。完美主义的人会深受这种焦虑情绪的困扰。他们总是设定非常高的目标，要求自己做得完美无瑕。当实际情况与期待的结果出现一点点偏差时，他们就会感到极大的痛苦与不安。面临这种焦虑时，我们可以提醒自己：真正的生活从来不是完美的，既不会像童话故事一样一直美好，也不会永远阴霾笼罩，而接纳不完美才是更加成熟的生活态度。

焦虑是一种病吗

很多有着焦虑情绪的人，可能迫不及待地想要知道，自己的这种焦虑状态是否属于病态。其实焦虑并非焦虑障碍，人有焦虑情绪是正常的。但当焦虑超出了正常范围并对个人生活产生负面影响时，可能会变成焦虑障碍。

焦虑和焦虑障碍主要有以下区别。

1.强度和持久性

正常的焦虑通常是短暂的，与特定的事件或情境相关，并且往往能够逐渐消退。焦虑障碍的焦虑感是过度的、持久的，不限于特定的事件或情境，而是普遍存在于个人生活的各个方面。

2.控制性

正常的焦虑通常是可控的，并且当焦虑源消失或触发焦虑的问题被解决时，焦虑也会逐渐减轻或消失。在焦虑障碍中，焦虑常常无法被轻易地控制，即使在没有明确威胁或压力的情况下，焦虑也会持续存在。

3.干扰功能

正常的焦虑通常不会对日常生活功能造成显著的干扰。人们在感到焦虑的同时仍然能够履行工作、学习和社交等职责。焦虑障碍可能会对个人的日常生活功能产生负面影响，如注意困难、决策困难、睡眠等问题。

4.生理症状

正常的焦虑可能伴随一些生理症状，如肌肉紧张、心率加速和呼吸加快等。在广泛性焦虑障碍中，这些生理症状可能更加突出、频繁和持久。

5.自我意识和担忧范围

在正常的焦虑中，担忧往往是有明确对象和范围的，与特定的事件或情境相关。但在广泛性焦虑障碍中，担忧的对象可能会泛化，涉及多个方面,并且与现实情况不符。

🔍 如何识别自己是否患有焦虑障碍

我们应该如何识别自己是否确实患有焦虑障碍,并且是否需要治疗呢?以下是一些识别方法,供大家参考。

1. 注意观察自身的反应

留意自己的情绪和身体反应。常见的焦虑症状包括持续的内心不安、担心和恐惧、肌肉紧张、失眠或睡眠问题、集中注意力困难、疲劳、心悸和呼吸困难等。我们如果有这些症状,并且这些症状严重影响了日常生活,那么可能患有焦虑障碍。

2. 自我评估

了解自己的情绪和行为模式。焦虑障碍可能导致我们出现过度担忧、无法控制的忧虑、回避恐惧的情绪、社交退缩、工作效率下降等问题。如果这些情况在我们的生活中反复出现,甚至成为固定模式,给自己造成困扰,那么需要进一步诊断是否患有焦虑障碍。

3. 寻求专业帮助

如果怀疑自己患有焦虑障碍,寻求专业的帮助是明智的选择。心理咨询师、心理医生或精神科医生都可以进行评估和诊断,确诊是否患有焦虑障碍,并提供相应的治疗建议和支持。

🔍 如何治疗焦虑障碍

焦虑障碍的治疗通常采取综合的方法,包括各种心理疗法和药物治疗等。

1. 认知行为疗法

认知行为疗法是一种常用方法。它通过帮助患者识别和改变负面的思维模式和行为习惯来减轻焦虑症状。认知行为疗法还可以教授患者应对焦虑的技巧，如放松练习、问题解决和应对策略等。

2. 焦虑管理技巧

焦虑管理技巧包括深呼吸、渐进性肌肉放松、冥想和正念等，可以帮助患者放松身心，减轻焦虑症状，并提高应对焦虑的能力。

3. 心理教育和社会支持

心理教育可以帮助患者理解焦虑的机制和原因，以及应对焦虑的方法。社会支持通常来自家人、朋友，专业治疗师的理解和支持也对焦虑障碍的康复至关重要。

4. 药物治疗

在一些情况下，医生会考虑使用药物来治疗焦虑障碍。常用的药物包括抗焦虑药物和抗抑郁药物。这些药物可以帮助调整大脑中与焦虑相关的化学物质，从而减轻症状。药物治疗通常与心理治疗结合使用，以获得最佳效果。

如何看待焦虑

我们可以尝试从积极的角度来看待焦虑。首先，焦虑在某种程度上是一种自我保护机制。它可以使我们保持警醒和警觉，帮助我们应对潜在的危险和威胁。适度的焦虑可以激发我们做出适当的反应，保护自己的安全。其次，焦虑也可以成为一种动力，激发我们更加努力地追求目标。它可以促使我们主动采取行动、克服困难，实现个人成长和发展。再次，焦虑可以提醒我们关注内心需求和情感状态。它可以促使我们更加关注自身的健康、心理状态和生活平衡，从而更好地照顾自己的身心健康。最后，焦虑可以激发我们主动学习应对策略和技能。通过面对焦虑并学习适应性的应对方式，我们可以培养更强大的抗压能力和情绪调节能力，帮助我们更好地面对日常生活中的挑战。焦虑也会促进我们自我反思，使我们审视自己的想法、信念和价值观。通过深入了解焦虑的根源和触发因素，我们可以更好地了解自己。

写在最后

焦虑可能对个人的生活和健康造成负面影响，但通过识别、寻求治疗和采取积极的应对策略，我们可以有效地管理和减轻焦虑症状。与此同时，我们也可以将焦虑视为一个增长、发展和提高自己心理弹性的机会。在日常生活中，我们不要忽视自己的感受，尽早寻求帮助，重拾内心的平静和自信。

Q2 最近总是觉得情绪低落、食欲不振怎么办？

小安是一名高中生，学习成绩一直不如意，学习兴趣也不大，他自己表示，经常会感觉心情不好，吃不下饭。家长曾想通过谈心的方式激发他的学习动力，但无济于事。老师也尝试与小安沟通，帮助他排除学习上的问题和压力，却仍旧没有好转。时间久了，家长甚至觉得小安有些矫情，就没再继续给予相应的关注。过了一段时间，小安的状况变得越来越严重，甚至有了自残的行为……医生诊断其患有抑郁症。

有些时候，看到身边的人情绪低落，我们会认为这是一件很正常的事，并相信对方可以通过自身的疏解得到恢复，甚至有时会认为情绪低落是一种矫情的表现。但事实上，"矫情"的背后可能潜藏巨大的精神疾病风险。就像案例中的小安一样，他的情绪问题一开始没有被理解，于是慢慢发展成了抑郁症。

什么是抑郁症

抑郁症是一种常见的心理疾病，患有抑郁症的人常常会感到沮丧、无望和情绪低落。对于他们来说，这种情绪上的痛苦是实实在在且无法轻易摆脱的。此外，抑郁症不同于一些短暂的情绪问题，如情绪低落或丧失兴趣，是指存在超过两周、持续数月甚至更长时间的一种心理障碍。如果这种情绪状态没有得到及时有效的调整，很容易转变为精神疾病。

抑郁症有哪些类型

通常来说，根据症状的轻重程度可以将抑郁症分为轻度、中度和重度。

1. 轻度抑郁症

轻度抑郁症是指患者感到情绪低落、失眠或嗜睡、食欲不振、精力下降等症状，但所有症状都不达到严重程度。患者的日常生活和社交活动存在一定困难。发作期间没有妄想或幻觉。

2. 中度抑郁症

中度抑郁症的情绪低落、焦虑、易怒、失眠或嗜睡、食欲不振、精力下降等症状中，有几种表现明显，或存在大量较轻症状。患者的日常生活和社交活动存在相当大的困难。发作期间有时会出现妄想或幻觉。

3.重度抑郁症

重度抑郁症是指患者的大多数症状都非常明显，或症状较少，但程度严重，包括极端情绪低落、自杀念头、睡眠障碍、食欲丧失、精力严重下降等，其日常生活和社交活动受到严重干扰并难以持续。发作期间可伴有妄想或幻觉。

但实际上，抑郁症的程度是难以划分的，如下描述可能更准确一些：轻度抑郁症好像一块铁板在生锈，这个过程很缓慢；而重度抑郁症像地震，突然之间一切都崩塌了，它的爆发有时是没来由的。

抑郁症的发病原因是什么

通常情况下，抑郁症的发病是多种因素综合作用的结果。除了个人内在因素，外部环境和社会关系也对其产生重要影响。比如，家庭、工作、学校等场所存在的不良压力，亲密关系问题，经济困难等，都有可能让人产生消极情绪和负面情感，进而引发抑郁症。

1.遗传因素

研究表明，抑郁症与基因有关，有些人天生就比其他人更容易患抑郁症，在有抑郁症患病史的家族中抑郁症发生率较高。

2.生理因素

临床发现，抑郁症与一些身体疾病有关，如甲状腺问题、缺乏维生素D或维生素B_{12}、荷尔蒙失调及药物副作用等，都可能导致抑郁症的发生。

3. 神经化学因素

神经递质是大脑中的化学物质，可以影响我们的情绪。如果某些神经递质（如血清素、多巴胺和去甲肾上腺素）的水平过低，就会导致抑郁症的发生。

4. 环境因素

过度的压力、家庭纷争、失业、人际关系问题等都可能导致抑郁症的发生。例如，季节性情感障碍（SAD）就是一种与环境有关的抑郁症，它通常在季节交互时出现。

5. 心理因素

个人经历和态度也可以是一个人患上抑郁症的影响因素。例如，童年早期遭受虐待或忽视可能会导致成年后的心理问题，低自尊心和负面思维方式也可能使人更容易抑郁。

总之，引发抑郁症的原因是多种多样的，它们之间相互作用、彼此影响。了解这些有助于我们更好地预防和治疗抑郁症，建立积极健康的生活方式和心理状态。

抑郁症会产生哪些影响

抑郁症患者会经常感到失眠、食欲不振，长期处于一种低落、消沉和无助的状态，并有对自己不信任和自我否定的心态。此外，抑郁症患者还可能会出现自我封闭或社交恐惧，他们害怕与人交往，担心自己的行为和言语会受到别人的批评和否定，从而变得消极和沉闷。抑郁症对患者的影响大致可分为以下3个方面：身体、心理和社交（见表1-1）。

表1-1 抑郁症的影响

身体方面	心理方面	社交方面
健康问题：抑郁症会导致患者食欲不振、睡眠不足等健康问题，进而引发消化不良、营养不良、贫血等身体疾病	情绪低落：抑郁症患者往往情绪低落、失去兴趣和乐趣，难以享受生活，有时甚至连基本的自我保护都感觉无力	没有社交兴趣：抑郁症患者缺乏总体社交兴趣和能力。他们可能会拒绝参加社交活动、坚持与他人保持距离，从而导致孤独感增加
免疫系统问题：抑郁症会削弱患者的免疫系统，使患者容易感染各种疾病	自卑感：患者会相信自己无法完成任务，感到自卑、无用，对自己产生消极的看法	压力和烦恼：患者很难应对更多的社交，这些社交使他们感到压力和烦恼
疼痛问题：有些患者在抑郁症发作时会出现头痛、肌肉疼痛等问题	焦虑不安：抑郁症患者往往会感到不安，担心自己的未来，甚至有时产生自杀的想法	尴尬的场合：在某些场合，患者可能无法控制自己的情绪并做出让他人感到尴尬的行为。这可能影响患者的人际关系，导致在职场中失败

抑郁症对患者的身体、心理和社交都会造成很大的负面影响。如果发现身边有人患有抑郁症，我们可以在尊重和理解的基础上建议其向专业心理医生或精神病医生求助，以获得及时有效的治疗。

抑郁情绪和抑郁症有什么区别

抑郁症确实给人们的生活带来了许多不便，很多人得了抑郁症后会陷入悲观绝望的状态之中，觉得人生没有了希望。可实际上，只要寻求专业治疗，抑郁症是可以得到好转的。此外，人们在对待抑郁症的观念上，也存在一些误解。例如，有的人刚出现一些抑郁情绪时，就认为自己得了抑郁症；也有的人面对自己的抑郁情绪不太在意，认为过几天就好了，却慢慢地转为了抑郁症。

那对于我们而言，如何判断自己只是存在抑郁情绪，还是患有抑郁症呢？下面将介绍抑郁情绪与抑郁症的区别（见表1-2）。

表1-2　抑郁情绪与抑郁症的区别

	抑郁情绪（常见的抑郁情绪：情绪低落、失去兴趣、自卑感、焦虑不安等）	抑郁症
持续时间	较短	较长，相对比较稳定不易改变
严重程度	不会严重影响生活的方方面面	越来越难以完成日常活动，开始影响生活品质并逐渐影响工作和社交能力
对身心的影响	暂时的情绪低谷状态	持续影响身体和心理健康
是否需要治疗	通过自我调节来解决	需要寻求专业的心理治疗和医学帮助

总之，抑郁症不同于情绪低谷和暂时的情绪问题，是一种持续性的、较为严重的心理障碍，基于此，不要随意给抑郁症贴标签，让抑郁症患者遭受本不该有的歧视。此外，有些人只是有了一些抑郁情绪，而非患有抑郁症，不要进行过度解读。

如何缓解抑郁情绪和治疗抑郁症

抑郁情绪如果没有得到及时有效的缓解很容易转化为抑郁症，抑郁症患者的内心充满了消极情绪和负面想法，需要及时得到治疗和关爱，而抑郁情绪和抑郁症在持续时间、严重程度、对身心的影响和是否需要治疗方面是有所不同的，这一特性也决定了在面对消极情绪和负面想法时，可采用的方法也应有所不同。

当出现抑郁情绪时，我们可以采取以下方法进行缓解。

1. 进行身体锻炼

研究表明，适度的身体锻炼可以减轻抑郁情绪。参加体育运动可以让身体和大脑放松，促进血液循环，从而减轻情绪波动的问题。

2. 保持健康的饮食习惯

保持健康的饮食习惯是减轻抑郁情绪的一个简单方法。适量地摄入能量可以支持大脑和身体的正常运作，从而有助于保持情绪的稳定性。

3. 增加社交活动

社交活动可以带来积极的社交支持，从而减轻抑郁情绪。试着参加一些社交聚会或与亲朋好友进行交流，哪怕只是通过打电话、发信息、视频通话等线上交流的方式，也可以缓解孤独感，消除心理压力。

4. 练习冥想和深度呼吸

冥想和深度呼吸可以有效减轻压力，并缓解紧张情绪，定期进行此类活动可以改善身体的状态，从而更好地调节情绪。

5. 保持良好的睡眠习惯

保持良好的睡眠习惯对缓解抑郁情绪非常重要，良好的睡眠习惯包括遵循固定的睡眠时间、避免在床上过度使用电子设备等。在睡前尝试放松技巧也有助于睡眠，如听轻音乐或深度呼吸。

6. 信仰

抑郁的人通常觉得生活和苦难没有意义，不知道为什么活着。信仰能够给生活和苦难赋予意义，支持人们与苦难作战，度过生命中的艰辛时刻。

7. 其他替代疗法

其他替代疗法，比如用毛线做东西、上踢踏舞课、能量疗法、野外徒步、爬山、经颅磁刺激、眼动脱敏、加工疗法、按摩、芳香精油，等等。

已经患上抑郁症的患者，也可以用以上方法进行自我调整，同时根据病情严重程度采取以下方法。

1. 尝试心理咨询

如果抑郁症状严重，心理咨询是有效的缓解方式。心理咨询有许多种形式，包括认知行为疗法、家庭疗法、心理动力学疗法等，可以帮助我们掌握有效的应对工具和技巧，从而减轻抑郁症状。

2. 寻求精神科医生的帮助

如果怀疑自己患有抑郁症，应该尽快寻求专业医生的帮助：诊断症状、制订合适的治疗计划和提供相应的精神支持。

其中，关于抑郁症患者是否需要服药，有一些人存在认知误区，如觉得是药三分毒，抗拒吃药；觉得服药后病情似乎变得更严重了，恐惧服药；觉得服药没有什么效果，擅自停药；或者不认可西医的治疗方式，更愿意选择中医的治疗方案。

事实上，不管哪种治疗方式，都有一定的治疗效果。此外，原本服药有效的患者，如果不间断经历服药又停药的过程，药物慢慢就会不再起效，每次发作，抑郁转变为无法根治的慢性病的风险就会上升。心理学专家约翰·格雷登指出，不服药、断断续续服药或者不适当地降低剂量，会令大脑受损，病情会更大概率地转变为慢性病，复发率更高，增加不必要的痛苦。实际上，与治疗不足的杀伤力相比，终身服药的副作用是可以接受的。

此外，在医院，有一种疗法叫作电痉挛疗法（ECT）。有人认为，电痉挛疗法会让人变傻，但实际上，在接受电痉挛疗法后，很多患者在几天内便感到明显的改善，大约一半人在一年后仍然感觉良好。由于见效迅速且显著，电痉挛疗法特别适用于有严重自杀倾向，即一再自残而致性命攸关的抑郁症患者。但电痉挛疗法也会有一些副作用，比如患者可能会忘记一段时间的事情。

总之，要缓解抑郁情绪和治疗抑郁症需要综合运用许多方法。对于不同的人来说，相同的方法产生的效果也会有所不同，因此找到适合自己的方法最重要。同时，要相信抑郁症是可以治疗的，保持积极的心态，找到适合自己的治疗方法，坚持到底，就有很大可能走出困境。

Q3 最近总是压力很大，该怎么看待和缓解？

小胡最近压力很大。自己的工作任务本来就很多，而最近上级要来检查，又多了很多准备资料和应对检查的额外工作。再加上家里和孩子的各种琐事，她感觉自己要被众多任务撕碎了。她变得情绪暴躁，为一点儿小事就发脾气，暴饮暴食，失眠多梦，而休息不好又会使工作效率低下，导致工作越积越多。她十分着急，感觉自己陷入了恶性循环。

有时我们是否也像小胡一样，总是被各种各样的难题缠绕，被持续不断的压力困扰？"压力大"似乎已经成了现代人的口头禅，那究竟什么是压力？为什么压力会存在呢？能不能消灭它？如果不能，我们又该如何与它和谐相处呢？

压力是什么

"压力"原本是一个材料力学术语，指物体承受外力冲击时的状态。而在心理学上，当刺激事件打破了个体的平衡和负荷能力，或者超过了个体的能力所及，就会体现为压力（Richard J.Gerrig，2006）。这些刺激事件就是应激源或压力源，比如，小胡的工作任务本来就重，又加了很多额外的任务，这些事件超出了她的能力范围，就会使她感受到比较大的压力。

压力是如何产生的呢？如图1-1所示，来自环境、心理或社会的刺激事件，也就是压力源袭击了我们，接下来我们会对自己面临的压力源和自己拥有的各种对抗压力的资源进行评估。评估压力源对我们威胁的大小、评估我们拥有的资源是否足以对抗压力源。如果评估结果是压力源很强大，而且我们自己拥有的资源不足以对抗如此强大的压力源，压力就产生了，我们就会有一些生理上的、行为上的、情绪上的、认知上的反应。比如，小胡容易失眠是生理上的反应；变得脾气暴躁，一点儿小事就发脾气是情绪上的反应；暴饮暴食是行为上的反应。若她长期处于这种高压的状态下，还可能出现记忆力下降、注意力变差等认知上的反应。

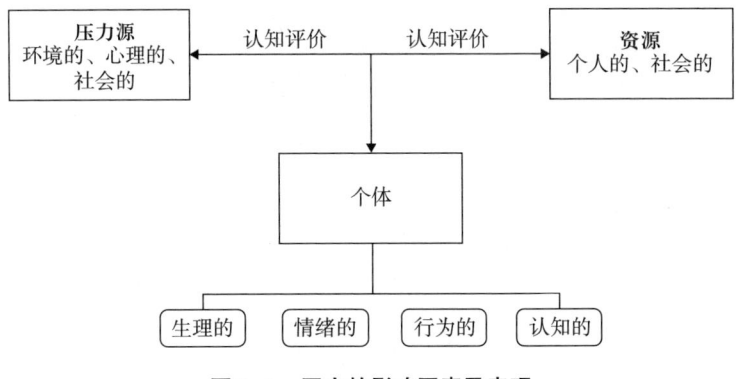

图1-1 压力的影响因素及表现

压力管理的目标是什么

既然压力总是与各种不好的体验联系在一起，那我们是否要彻底消灭压力呢？答案是否定的。常言道"人无压力轻飘飘，井无压力不出油"，而心理学家也通过大量研究发现，压力水平与工作绩效间呈倒"U"形相关，见图1-2（汪忠亮，1993）。图中的唤醒水平指的是压力水平，当压力水平适中时，工作绩效是最佳的，此时，人体处于最佳唤醒状态，身体的效能和信息处理能力最好；当压力高于或低于这个水平时，人体唤醒度也会过高或不足，从而导致绩效降低。

也就是说，没有压力或压力过大对我们都不好。压力过大会导致身心紧张，健康受损；压力过小又会导致身心松弛，效率降低。因此，压力管理的目标并非一味地躲避压力，而是通过科学的压力管理策略来调节自身的压力，保持拥有适度的压力，以达到既不影响身心，又能激发自身潜在能量的效果。

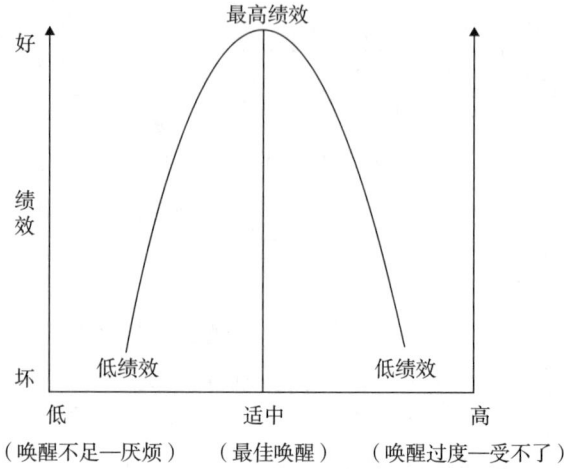

图1-2 压力情绪唤醒水平与绩效的倒"U"形曲线关系

如何科学应对压力

1.寻找并正确区分压力源

压力源分为两种类型。第一种是自己可以掌控，通过努力可以改变的，例如，努力学习并通过考试，就可以消除考试对自己造成的压力。第二种是自己无法掌控的，比如疫情。我们普通群众除遵守防疫规定外似乎也做不了太多，但我们可以通过调整自己的认知或情绪，让自己不至于因为疫情太过焦虑。因此，应对压力首先要明确哪些压力源是在自己掌控范围之内的、自己可以改变的，哪些是自己无法控制和改变的。明确压力源的类型才能对症下药。

2.应对压力的措施

面对不同的压力源，我们可以采取不同的应对措施。

（1）对在自己掌控范围之内的压力源，可以尽最大的努力去解决，从而解决压力的困扰。应对压力的一些技巧方法如下。

a.提升自己的能力。通常来说，能力越大，能解决的问题也越多，因此缓解压力最直接的方式就是提升能力。回想一下哪些情景会让自己感觉压力大，看看这些情景中的压力都是因为哪方面能力欠缺所导致的，也许是处理关系的能力，也许是项目管理的能力。想办法逐步提升这些能力，慢慢地让自己能从容应对各种场景。

b.做好时间管理，平衡各种任务。我们之所以感到压力，很多时候是因为有些重要和紧急的事情没有做完。所以我们可以把时间表上重要和紧急的事情先做好，把不重要、不紧急的事情放在后面做，即使没有时间完成所有的任务，也不会感觉到太大的压力了。

美国著名管理学家史蒂芬·科维（Stephen Richards Covey）提出了一个时间管理理论——四象限法。首先，按照重要性和紧急性划分事件，区分出重要且紧急、重要但不紧急、紧急但不重要、不重要且不紧急四类事件（见图1-3）。其次，针对不同事件采取不同策略：重要且紧急的事情必须立刻做；重要但不紧急的事情，在完成重要且

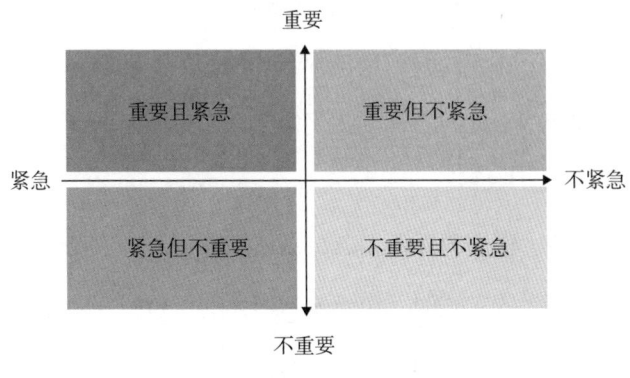

图1-3 待办事件的四种类别

紧急事情的基础上兼顾；紧急但不重要的事情，完成重要的事情后再考虑；不重要且不紧急的事情，有空闲时间时再考虑。

c.寻求帮助，善用社会支持系统。社会支持系统是我们的人际关系网络，是由能够给我们提供支持的所有资源共同构成的。比如，家人、朋友、同事、邻居等，我们可以从他们那里获得情感支持、物质支持（金钱、住处等）和信息支持（建议、消息等）。研究显示，在遇到重大的挫折或压力时，如果有良好的社会支持系统，个体就会较少地出现生理上或心理上的疾病（Billings & Moos，1985）。

如何合理利用社会支持系统呢？以下方法可以参考借鉴：方法一，善于求助。遇到困难且自己无法应对时，积极地向亲朋好友求助，获得直接、有形的帮助。方法二，经常和亲朋好友分享工作生活体验。不仅分享不好的体验，也分享好的体验，获得情感上的相互支持。方法三，与信任的朋友、爱人拥抱或牵手。研究显示，无论男女，当他们有压力时，伴侣的拥抱或牵手都能很好地缓解压力（Coan & Davidson，2006；Light & Grewen & Amico，2005)。

（2）当然，并不是所有的事情都在我们的掌控之中，有很多压力源是我们无法改变的。此时就需要我们调整认知或情绪，不要被这些事过分影响和控制。

a.改变认知。很多时候压力感是由认知导致的，当我们把导致压力的事情看成了天大的灾难时，自然会有很大的压力感，因此可以通过改变认知来减缓压力感。也许我们原来对压力源的评价是"灾难性的"，但是当我们换个角度重新看待时，感受或许会变得不一样。比如，由于上级来检查，小胡面临很多额外的工作，压力增大，但是如果换个角度来看待上级检查，不把它看成强加给自己的额外任务，而是一次展示自己的机会，她在完成这些工作时或许就会有不同的心情。

b.调整情绪。调节情绪的方法有很多，这里重点介绍三类方法：宣泄、转移和放松疗法。

第一类方法，宣泄，指将内心积压的负面情绪释放出来。主要通过书写、倾诉、喊叫和放声大哭的方式来进行。

书写是释放压力的有效方式。有研究显示，连续五天写出令自己难过的经历，免疫力会变好。作为一种宣泄的途径，书写能够让我们在自我梳理的同时增强自我觉察，有助于形成更加积极的思考问题、处理问题的习惯。

倾诉也是宣泄压力的一种方式，可以将内心压抑的情绪释放出去。当然，倾诉不一定能够帮我们找到实际的解决问题的方法，但通过这种释放可以获得轻松感，还可以从倾诉对象那里获得情感上的支持。倾诉的对象可以是父母、亲人、朋友、心理咨询师，当然，有些事情如果不愿意对人说，对小动物倾诉也可以。

喊叫也是一种发泄的方式，通过喊叫可以释放郁结在我们心中的不满和愤懑。压力大时不妨去一个空旷的场合大喊一下，用尽全力喊出心中的负面情绪。

虽说"男儿有泪不轻弹"，但压力大时确实可以哭一哭。眼泪可以清除部分给我们带来压抑的激素，强忍眼泪不仅会让我们内心痛苦，也会对健康不利。压力大时不妨通过放声大哭来释放一下。注意哦，放声大哭要比默默流泪有用。

第二类方法，转移。包括转移关注点和情绪。压力状态下我们的思维往往受到限制，导致对压力事件过度关注。转移可以让我们将注意点投入到新的事情中去，促使我们以一种全新的心态来看待原来的压力。这时我们可能会有新的体验和发现。

运动是转移压力的有效方法，如简单的跑步、骑自行车都可以。运动不仅会让人心情愉悦，还有助于提升体内多巴胺及5-羟色胺的水平，而这些物质可以改善情绪，让我们能够更有效地应对压力。

一成不变的生活会让人感觉枯燥，一些小的改变和惊喜也能够转移压力。比如，周末去一个从没去过的地方，看一场自己以前不会看的展览，换一个新的餐厅吃饭等。

第三类方法，放松疗法，指按一定练习程序有意识地进行放松，调节压力和紧张情绪。这里介绍两种放松疗法及其操作要点，分别是腹式呼吸放松法和正念放松法。这两种方法都非常简单，但效果明显。

腹式呼吸是指个体通过有意识地延长吸、呼时间，以腹部起伏进行深、缓有规律的呼吸运动（王长虹＆丛中，2001）。进行腹式呼吸能够调节自主神经的功能、缓解焦虑和紧张的情绪，减少个体的压力反应（张萍等，2012）。腹式呼吸放松法简便易行，如果你正面临一个让你非常紧张的情景，不妨花两分钟时间做一个呼吸放松，它能快速缓解你的紧张感。操作要点：将手放在腹部，吸气的时候，感受空气通过鼻腔进入，使腹部慢慢鼓起，手也感受到了腹部的隆起；然后慢慢呼气，感受到空气从腹部流出，通过嘴巴吐出，手也感受到腹部慢慢瘪下去。反复进行此过程，慢慢地吸气、呼气，随着呼吸越来越缓，身体会逐渐放松，压力和紧张情绪也会有所释放。

正念是一种有目的地觉察当下，但同时不做任何评价、不做任何判断的活动。很多研究证实，正念对缓解压力有良好的效果。正念放松法的操作要点如下：保持清醒的状态，可以坐在椅子上，挺直腰身，闭上眼睛。选择一个觉察的对象，可以是呼吸、声音或身体的某个部位。比如，自己的手，觉察手放的位置，手的感觉，带着好奇去体会它。当脑海中出现其他思绪，打断了对对象的觉察，不要做任何评价和判断，这很正常，接受这些思绪，觉察它们，这样就不会因为这些思绪而产生内疚的感受，有利于正能量的产生。

Q4 莫名地控制不住自己，总想发脾气该怎么办？

小依是一名高三的学生，她喜欢用"透明人"来形容自己。她有个小自己7岁的弟弟，家人的宠爱与关注都在这个弟弟身上，她能感觉到家人的忽视，但懂事儿的她从来不会要求父母给予自己更多的关注。她的成绩在班级里也是中等。名列前茅的学生会被老师格外关注，差生也会被老师督促着补习，而排在中等的小依很少会得到老师的关注。在一次班级外出活动中，小依上厕所回来发现全班同学都已经走光了，她急忙寻找大家，可是在她找到队伍后发现，原来没有一个同学发现她走丢了。小依的委屈在那一刻忍不住了，她对着同学破口大骂，同学都被她的情绪吸引过来了，老师也赶过来安抚小依。从那天之后，小依发现自己会经常发脾气，很多时候控制不住自己的情绪。

发泄过后的小依感觉到轻松，但同时也感觉到愧疚。这种控制不住的情绪让她非常困惑。

在生活中你会不会时常感觉到无法控制自己的情绪，明明知道想要解决问题就不应该发脾气，明明已经在努力控制了，但还是忍不住爆发出来。发完脾气之后，虽然感受到发泄的快感，但是内心的自责感也会很快包裹住自己。这种飘忽不定的情绪深深地影响了你，你感觉到了痛苦，但并不知道该如何去做……

人为什么会发脾气

人作为情感复杂的生物，在面对各种挑战和压力时，情绪自然会受到影响并产生变化。生活中发脾气的原因多种多样。首先，压力是一个常见的触发因素。无论是来自工作、学习还是人际关系，压力的积累会让我们感到焦虑和疲劳，进而容易发脾气。其次，情绪问题也是导致发脾气的常见原因。当处于愤怒、沮丧、焦虑等情绪不稳定的状态时，我们更容易对周围的事物过度敏感，从而更容易发脾气。当我们对生活中的某些方面感到不满或期望得不到满足时，也会变得易怒。此外，疲劳和缺乏休息、与他人的冲突、饮食和健康问题，以及环境因素如噪声和天气状况等，都可能对情绪产生负面影响，导致我们容易发脾气。一些生理性疾病如甲状腺机能亢进，也会使患者产生怕热、情绪激动、易怒等情况。

发脾气背后有什么心理诉求

发脾气只是我们表达情绪的一种方式，而这种方式的背后通常隐藏着更深层次的诉求。总的来说，深层次的诉求可以分为以下几种情况。

其一，发脾气可能是想要表达需求和欲望，并希望得到他人的关注和回应。当需求和欲望得不到满足的时候，有些人会通过发脾气的方式来表达，让别人关注自己甚至因此妥协，进而达成自己的目的。这一点在孩子身上表现得比较突出。比如，孩子希望家长购买某件玩具但遭到拒绝之后，他们往往会采取哭闹等方式让父母妥协。又或者在情侣之间，当一方觉得被冷落或被忽视了，也可能采用类似发脾气、闹情绪等方式，以求得到另一方的关注与关心。案例中的小依就是希望通过"发脾气"的方式，来获得大家的关注。在生活中总是受到冷落、不被理解的小依选择了爆发，爆发后，她得到了老师和同学的关注与关心。这让她在潜意识里认为，发脾气可以获得自己想要的关注与关心。所以在事件发生后，小依仍会选用此种方式来表达自己的情绪。

其二，发脾气可能是为了追求控制和权力。这一点在动物世界中就有很好的体现，如雄狮之间会通过咆哮与打斗来"宣誓主权"。在职场上，领导可能会通过发脾气来让下属服从，从而确立自己的权力与地位。

其三，在大多数情况下，发脾气可能只是一种情绪的宣泄，人们通过发脾气来释放压力和不满；而且如果经常将愤怒情绪积压在心里，可能会导致许多疾病的发生。所以，合理宣泄情绪可以帮助我们避免一些疾病的发生。

此外，发脾气也可能是为了维护自尊和获得尊重。当感到被忽视或被不公平对待时，人们会通过发脾气来维护自己的权益和尊严。

了解发脾气背后的诉求有助于我们更好地应对和解决这些问题，通过积极的沟通和寻求有效的解决方案来满足自身需求。

很难控制脾气怎么办

如果经过一系列专业的检查与诊断，排除了情绪障碍或心理健康问题导致的情绪控制困难等因素，那么可以先放松一下。不要害怕，我们所经历的只是一种正常的、生理上的情绪波动。如果想对这种情况加以控制，我们可以尝试以下办法。

1. 深呼吸和放松

当感到情绪激动时，可以尝试通过深呼吸和放松冷静下来。深呼吸可以帮助我们平息激动的情绪，并恢复冷静和清晰的思维。

2. 寻找情绪的触发因素

尝试识别触发脾气爆发的具体情境或因素。了解这些触发因素可以帮助我们更好地管理情绪，并采取相应的预防措施。

3. 自我反思

反思脾气爆发的原因和后果，思考这种行为对自己和他人产生的影响。提醒自己控制情绪的重要性，并积极培养自我意识。

4. 寻求支持和理解

与亲密的朋友、家人或信任的人分享自己的情绪困扰，寻求他们的支持和理解。他们可以提供情感上的支持，或者帮助我们找到更好的应对方法。

5. 学习情绪管理技巧和策略

学习情绪管理技巧和策略，如积极应对技巧、冲突解决技巧和放松技巧。这些技能可以帮助我们更好地应对和控制情绪，避免脾气爆发。

6. 寻求专业帮助

如果发现自己情绪控制问题严重且持续存在，可以考虑寻求专业的心理咨询师或治疗师的帮助。他们可以提供个性化的支持和指导，帮助我们理解和处理情绪问题。

写在最后

众所周知，糟糕的健康状况会让我们的情绪变差，甚至出现易怒、暴躁、焦虑、抑郁等情况，但是过多的负面情绪也会使身体出现糟糕的状况。发脾气会让心率和血压升高，增加患心血管疾病的风险；愤怒和激动的情绪会影响免疫系统的功能，降低身体对疾病的抵抗力。此外，当我们处于愤怒或激动情绪状态时，大脑的前额叶功能可能会受到影响，进而影响思维能力和决策能力。所以，学会管理自己的情绪是一种保持健康的重要方式。

Q5 总是睡不着觉，怎么办？

小美和小丽是从小一起长大的朋友，她们之间无话不谈。最近小美发现小丽每天都无精打采，精神不振，看起来疲惫不堪。小美对此感到困惑与担忧，害怕小丽遇到了什么困难。经过思考，她还是决定问问小丽，为什么最近状态这么差。在小美的询问下，小丽坦言："最近单位领导交给我许多工作任务，尽管我已经加班加点工作了，但还是感觉时间不够用，应对起来有些困难。最要命的是，原本想通过美美睡一觉来养精蓄锐，好在第二天以饱满的精神状态投入紧张的工作，但不知为什么，到了晚上常常是越想睡越睡不着，常常翻来覆去无法入睡，即使入睡后也会频繁醒来，早上起床后感觉更疲惫了。这让我感到痛苦，甚至害怕夜晚的到来。"

小美听到这些后，感觉非常迷茫。因为自己从未经历过失眠，所以并不知道该怎么帮助自己最好的朋友。她能想到的最有效的方法就是让小丽前往医院获得一些专业的帮助。她也和小丽沟通了自己的想法，并表示自己会一直在小丽身边，陪小丽度过这段艰难的时期。小丽焦虑的心在朋友的温暖下渐渐平静，她也觉得自己确实需要一些专业的帮助了。

睡眠是人体恢复和调节的重要过程，对提升免疫力和拥有健康生活至关重要。然而，生活中总有人经常遭受睡眠障碍的困扰，无法获得充足和高质量的睡眠。现代社会各领域之间的竞争不断加剧，人们的生活节奏越来越快，承受的心理压力也越来越大，致使失眠的发病率不断上升，严重影响了人们的身心健康和生活质量。

什么是失眠

临床医学家依据临床症状和临床证据对失眠进行了大量的研究并给出了定义。2012年，中华医学会神经病学分会睡眠障碍学组根据现有的循证医学证据，制定了《中国成人失眠诊断与治疗指南》，其中失眠是指患者对睡眠时间和（或）质量不满足，并影响日间社会功能的一种主观体验。所以现在临床上对失眠的诊断主要依靠个体的主观报告，也就是个体认为自身睡眠质量不佳，如入睡困难、睡眠无法维持、太早醒无法再入睡等，并认为糟糕的睡眠已对生活造成不好的影响。

失眠的原因有哪些

关于失眠的原因，现在学术界最被认可的一个观点是由知名睡眠学者亚瑟·斯皮尔曼教授提出的关于失眠形成历程的模型，也叫3P模型。3P指的是模型里的三个因素，分别是Predisposing（易感因素）、Precipitating（诱发因素）和Perpetuating（维持因素）。三个因素累加即可形成持续又稳固的失眠表现。

1. 易感因素

易感因素囊括了所有生理、心理与社会因素。这些因素是个体的先天或长期存在的特征，使其更容易受到睡眠障碍的影响。

常见的失眠易感因素：高度觉醒、高度反应的性格（如敏感、追求完美），过度思考、过度忧虑的倾向，由于持续高强度工作引起的压力。有失眠家族史的人更容易患上睡眠障碍，有焦虑或抑郁症的人也更容易失眠。

2. 诱发因素

诱发因素指突然出现的事件，这些事件与患者本身的易感因素相互作用，导致短暂性睡眠起始和（或）维持困难。

常见的失眠诱发因素：生活事件、心理压力、外界环境变化或药物使用等。例如，身体疾病（如感冒、疼痛）、身体损伤（如被烫伤）、急性应激反应和精神疾病（如焦虑症、抑郁、恐惧等，也包括重性精神问题）。此外，夜间睡眠被打断也是一个常见的因素（如晚上照顾小孩）。

3. 维持因素

维持因素是指个体为了应付短暂失眠，获得更多的睡眠而采用的各种不良应对策略。

常见的维持因素：不良的睡眠习惯、不良的应对方式（如睡眠时间不规律，躺在床上玩手机、看电视）、不良的认知（如过去睡不好，未来也睡不好等）、慢性疾病或药物及酒精的滥用等。这些因素可以使睡眠障碍的症状持续存在，而且难以自行缓解。

如何判断自己是否患有失眠

睡眠障碍的诊断标准通常是基于美国《精神障碍诊断与统计手册》(Diagnostic and Statistical Manual of Mental Disorders，简称DSM）和国际疾病分类（International Classification of Diseases，简称ICD）来设定的。下面是一般情况下用于诊断睡眠障碍的常见标准。

1. 无法入睡或维持睡眠

存在困扰睡眠的问题，包括入睡困难、多次夜醒、夜间醒来后难以重新入睡等。

2. 失眠

频繁出现入睡困难、维持睡眠困难或早醒，并伴有白天疲倦、注意力不集中、情绪波动等问题。

3. 嗜睡障碍

日间过度嗜睡，无法控制困倦的感觉，导致在不合适的时间和场合睡着。

4. 睡眠呼吸障碍

如睡眠呼吸暂停综合征（由睡眠呼吸暂停引起的多次夜间醒来）或中

枢性睡眠呼吸障碍（脑部异常导致的呼吸控制问题）。

5.喉鸣、梦魇、夜惊等

如重复出现的喉鸣、梦魇、夜惊等引起的睡眠中断或睡眠质量下降。

如果症状出现少于3个月，则为短期症状；如果症状每周出现3次或更多次，持续3个月或更长时间，则为慢性症状。短期和慢性失眠症可以从患者的语言中推断出来。

失眠有哪些危害

失眠对身体健康的危害非常大。据相关数据统计，与没有失眠的人比较，长期失眠的人整体死亡率要高出2~3倍。同时，焦虑也是失眠的伴随症状。长期睡眠不足的人群患抑郁症或焦虑症，乃至自杀等的风险是普通人群的1.4倍以上。此外，睡眠不足还会导致出现记忆力下降、注意力不集中、反应迟钝等症状，进而增加学习和工作中出错的风险。长期失眠最为严重的危害就是导致多种身体疾病的患病风险上升，特别是一些慢性病，如心脏病、高血压、消化道疾病、老年痴呆、更年期综合征等。

所以当我们出现失眠症状而且经尝试与调整仍旧无法解决问题时，应该及时寻求专业帮助。

失眠要如何治疗

目前针对睡眠障碍的治疗手段主要包括以下几种。

1.行为治疗

行为治疗是一种非药物的心理治疗方法，旨在改变睡眠习惯和行为。

2. 睡眠规律化

建立固定的睡眠时间表，包括睡觉时间和起床时间，保持规律的作息习惯。

3. 睡眠限制

限制在床上的时间，只在需要睡觉的时间在床上，避免在床上进行其他活动。

4. 刺激控制

建立一个只用于睡眠和性活动的卧室环境，避免在床上进行其他无关的活动，如看电视、玩手机等。

5. 睡前放松技巧

采用放松技巧，如深呼吸、渐进性肌肉放松法、冥想等，缓解紧张和焦虑。

6. 药物治疗

如果说已有一些严重的睡眠障碍，医生可能会考虑使用药物来改善睡眠。常用的药物包括镇静催眠药和抗焦虑药。然而，药物治疗通常被视为短期解决方案，应在医生的指导下使用，并且需要注意药物的副作用和成瘾性。

7. 光疗

对特定类型的睡眠障碍，如季节性情感障碍，光疗被认为是一种有效的治疗方法。通过暴露于特定强度和时间的人工光源，可以调节人体生物钟和改善睡眠质量。

8.物理治疗

对某些特定的睡眠障碍，如睡眠呼吸暂停综合征，可能需要使用物理治疗设备，如持续气道正压机器，通过提供正压气流来保持气道的通畅。

重要的是，治疗方案应根据个体的具体情况和症状进行定制。如果存在睡眠障碍，最好咨询专业医生或睡眠专家，他们可以评估症状并制订最适合的治疗计划。同时，采取积极健康的生活方式，保持规律的作息时间，注意睡眠环境和睡前放松，改善睡眠质量。

如何识别自己的家人或朋友是否患有失眠

在失眠的治疗中，尽早识别也是非常关键的一个环节。以下是一些方法，可以帮助我们识别他人是否患有失眠。

1.观察他们的睡眠模式

观察他们是否经常难以入睡或难以保持睡眠，是否经常醒来，或者早醒而无法重新入睡；观察他们夜间是否做噩梦。

2.注意他们的白天表现

睡眠障碍可能会导致白天疲倦或昏昏欲睡。观察他们是否经常感到困倦、缺乏精力，注意他们是否经常打哈欠或需要咖啡因来保持清醒。

3.留意他们的情绪和情绪变化

睡眠障碍可能会影响情绪状态。观察他们是否情绪不稳定、易怒或焦虑，是否经常感到有压力或沮丧。

4.关注他们的日常功能和注意力

睡眠障碍可能会影响认知和日常功能。关注他们是否注意力不集中，记忆力下降，或在工作和学习上表现出困难。

5. 了解他们的行为习惯

了解他们是否依赖镇静剂或其他药物来帮助入睡，或者滥用咖啡因来保持清醒。观察他们是否在睡前经常使用电子设备，这可能影响他们的睡眠质量。

写在最后

小丽在小美的鼓励下勇敢地走进医院寻求专业的帮助。医生结合小丽的症状为她进行了纾缓压力和抗焦虑的心理行为干预并开具了药物治疗处方，小丽也调整了自己对工作和生活目标的理想认知。通过合理安排时间，提升工作效率，加强体育锻炼，常做深呼吸减压放松训练等，她逐渐走出了对夜晚和失眠的恐惧，最终找回了属于自己的美好梦境。

亲子篇：为人父母的必修课

Q1 我的孩子是不是得了自闭症？

某位家长发现自己的孩子2岁多了，还不会说话，总是一个人在那里玩，且经常对别人的呼喊没有反应。这位家长上网查了相关资料，怀疑自己的孩子得了自闭症，于是变得非常焦虑，手足无措，难以接受。

还有一位二年级的7岁孩子经常被老师找家长，他在校上课时难以集中注意，甚至还会无故下座位，在教室里跑。他与同学关系紧张，经常发生冲突，情绪波动较大，偶尔还会出现大喊大叫的情况。多次教育无果后，家长很是焦急、苦恼，但不愿送到医院评估检查。

这两个案例中的孩子都出现了一些异常的行为表现，并且都指向了自闭症。那么谈起自闭症，很多人第一反应是和语言障碍有关，但孩子拒绝交流、拒绝融入群体，喜欢独处，只是症状之一。

什么是自闭症

自闭症，准确的名称为孤独症谱系障碍，是一种精神疾病，目前并没有具体的概念。多数学者认为自闭症主要包含孤独症、埃斯博格综合征、未在他处注明的广泛性发育障碍。儿童自闭症发病于婴幼儿期，以社会交往障碍、语言功能障碍、兴趣狭窄、刻板与重复的行为为主要临床表现，多数儿童伴有不同程度的精神发育迟滞。我国对儿童自闭症认识较晚，患病率日益增高的原因也尚不清楚。

自闭症的成因非常复杂，与遗传、脑结构和功能异常、家庭环境因素有着非常密切的关系。自闭症儿童大多会在3岁以内发病。

如何识别自闭症

越早诊断、越早干预就越对儿童治疗有帮助。由于缺乏对自闭症的认知，往往是孩子已经出现一些症状了，甚至自己都怀疑孩子生病了，有些父母却还是碍于面子不去就医，延误了治疗的最佳时机。因此，当孩子出现一些家长不理解的、长期重复的行为时，应及时就医，让专业的医生进行诊断。同时，不要妄下结论，以免伤害到孩子。那么，该如何识别自闭症呢？社会交往障碍、交流障碍、兴趣的狭窄、刻板与重复行为是自闭症的四大核心症状，其在生活中的具体表现如下。

第一，缺乏社会交往兴趣，缺乏社交方法和技巧。自闭症孩子喜欢独自玩耍，对别人的呼唤不会回应，没有目光交流是其最常见的症状之一，即使是看也是一晃而过，目光接触非常短暂。

第二，较少的情感交流和互动。难以理解他人的情绪和想法，对家人常与对陌生人一样，没有任何情感性的依恋，对陌生人常常缺乏应有的恐惧。

第三，听觉系统异常。对人（包括母亲）的声音不感兴趣，但是会对某些声音特别敏感。

第四，不能建立正常的伙伴关系。缺乏与其他儿童玩耍的兴趣，或者有一定的交往兴趣，但会以不适当的方式与同伴交往，如搂抱、推搡等。

第五，言语交流障碍。表现为言语理解能力有限；言语发育迟缓，言语减少甚至缄默不语；重复他人的话语；语调平淡，语速或快或慢；语言运用能力受损，不会使用已学到的词汇，难以描述事实，经常重复话语或同一话题。

第六，对某一事物或活动过度痴迷。还会以同一方式反复做同一件事，如反复开门，反复排列物品等。

第七，不懂得害怕。自闭症孩子在该害怕的时候往往并不表现出害怕，对即将到来的危险没有预估性和及时躲避的能力，所以很多时候，自闭症孩子容易受伤。

第八，不会寻求帮助。自闭症孩子在确实感到害怕或难受的时候，他们可能只会大声哭闹，却不寻求父母、家人的安慰或帮助。例如，有的自闭症孩子听到不喜欢的声音时会捂住耳朵躲到卫生间里。

第九，情绪不稳定。易烦躁哭闹或自己笑，常常伴随多动、冲动、攻击和自残。

对自闭症儿童的诊断是非常复杂的，因此早期诊断和早期干预对孤独症儿童的改善具有非常重要的意义。

Q2 孩子为什么总是动来动去，一刻也坐不住？

9岁的安东尼的表现让父母感到十分担忧。他似乎总是坐不住，对任何事情的注意持续时间都很短。老师经常反馈说，安东尼在课堂上很难集中注意力，容易分心，并且时常在未得到允许的情况下离开座位。做作业对他来说尤其艰难，在家长的不断提醒和监督下才能勉强完成一部分。

起初，家长以为安东尼只是有些"活力过剩"，但随着时间的推移和学校要求的提高，这种行为开始严重影响他的学习和社交能力。他在游戏中会不小心伤害到其他孩子，导致他不再被同学接纳。父母感到无从下手，却也希望给予安东尼最好的支持和引导。

日常生活中，我们经常能听到家长或教师评价某些孩子：经常上课坐不住、爱做小动作、走神，经常写错字、缺字等，这让很多家长、老师非常头疼。其实这些都是孩子注意力不良、多动的表现。

根据中国优生优育协会的调查，我国有大量儿童存在不同程度的注意力问题，联合国教科文组织也将注意力问题列为引起全球儿童学习障碍的首要因素。

什么是注意

注意是人的心理活动对一定对象的集中和指向。从定义不难看出，注意的本质是人内部的心理活动，而且注意不是一个独立的心理活动，它是其他心理活动正常进行的前提。注意也是一种心理资源，我们可以理解为注意是有限的知觉。另外，注意是一种基础能力，是可以通过人的外部行为表现出来的。

根据心理学家的研究，注意的主要特性可以分四个维度，即注意的稳定性、注意的转移、注意的分配、注意的广度。

1. 注意的稳定性

注意的稳定性指注意在一定时间内保持在某个客体或活动上。开篇所提到的孩子坐不住，无法专注在当前的任务上，更多地属于注意稳定性表征。注意稳定性不足的孩子容易被环境中的其他事物吸引或被他们脑子里的事物吸引。从行为方面上看，他们会以各种"小动作"来表达自己对当前任务的脱离，而倾向于吸引他们的事物。

2.注意的转移

注意的转移指个体将注意从一项活动有目的地转移到另一项活动的现象。这一维度的关键就在于有目的地进行转移。例如，上课铃响了，学生需要从课间自由活动的状态快速切换到学习的状态，这就是学生注意转移的一种体现。有些孩子不能迅速进行切换，老师都开始讲课了，他还沉浸在课间的自由活动中，不仅影响课堂纪律，还影响学习效果。

3.注意的分配

注意的分配指个体在同一时间对两种或两种以上的刺激进行注意，或将注意分配到不同的活动中。比如，课堂上记笔记，学生一边听讲一边记笔记，这就考验孩子的注意分配了。

4.注意的广度

注意的广度指在一定时间内能够准确掌握对象的数量。阅读速度和质量是体现注意广度的一个方面。

哪些因素影响孩子的注意力

1.多元的、丰富的信息刺激

多元的、丰富的信息刺激，会导致孩子注意力稳定性不足。现今信息的多样化程度远高于以前，就如一把"双刃剑"，孩子容易获取信息，注意力也容易分散。

事实上，注意最基本的功能就是对信息进行选择。孩子要正常地生活、学习，就必须学会如何选择重要信息、排除干扰、控制自己，专注地完成当前的学习任务。

2.提前学导致孩子对课上内容不感兴趣

为了保证孩子学习成绩优秀或为了让孩子跟得上学习进度，家长大多选择让孩子提前学，这样做的负面影响是明显的。在学校课堂上，孩子听到已经听过的或是已经学会的内容，往往会觉得无聊，就不愿意跟着教师的节奏走，会出现不听讲、走神、做小动作的情况。

3.情绪问题

孩子的情绪问题可能导致注意水平不佳。孩子在成长过程中会遇到各种各样的事件，这些事件会让孩子或喜或忧，也可能让孩子产生很多消极情绪。当处于这些情绪中时，或者这些引起情绪的事件没有被解决时，孩子难以专注到课堂和学习任务上，就会出现各种不认真听讲的情况。

4.神经发育问题

孩子神经发育迟缓或不足，会导致注意水平不佳。有些孩子神经发育迟缓，这与先天基因、营养水平、教养方式等众多因素有关。这些孩子与同龄孩子相比更容易出现多动、注意不集中的情况。一般来讲，每个孩子都有自己的生长规律，这并非都是严重的疾病，家长也不必过分担心和焦虑，但需要带孩子及时就医，进行诊断，并听从医嘱改变教育方式，对孩子进行适当的训练，改善其行为表现。

5. 疾病因素

当孩子上述各方面表现都特别严重时，父母需要寻求医生的帮助，以诊断孩子是否患有注意缺陷/多动障碍。注意缺陷分为三个亚型：以注意力缺陷（难以保持注意集中、容易分心、做事有始无终等）为主的I型、以多动冲动（过度好动、喧闹等）为主的H型和两种症状都具有的混合型——C型。注意力缺陷障碍指的是I型，主要是注意缺陷，基本没有多动冲动症状。

父母该如何改善孩子的注意水平

第一，改善亲子关系，调整家庭教育方法。孩子的注意水平不佳与亲子关系、家庭教育方式有很大关系。父母应给予孩子高质量的陪伴。高质量的陪伴不仅是时间、空间上的陪伴，更是情感上的陪伴。即使父母没有时间陪伴孩子，但充足的、积极的、互惠的情感陪伴，也能帮助建立良好的亲子关系。因材施教，重点在于"因材"，只有采用适合自己孩子的教育方法，才能让孩子的能力得以提升。

第二，调节孩子的消极情绪。孩子在成长路上经常会遇到各种各样的事情，引发他们不同的情绪。孩子的世界很单纯、问题也很简单，一般成年人都可以找到正确的解决方法，但最难的是父母如何知晓这些事情，如何能让孩子向父母敞开心扉。因此父母应学会感知孩子的情绪变化，正确解读孩子情绪背后的原因，并有能力帮助孩子答疑解惑，调节孩子的消极情绪，让孩子的情绪问题得到及时的解决，不积压，不跑偏。做到上述事情并非一日之功，父母可以从耐心观察、耐心倾听、耐心引导做起，不急不躁，循序渐进，与孩子一同成长。

第三，陪孩子做一些锻炼注意力的互动游戏。游戏是孩子成长路上重要的学习工具，我们应该充分利用。可以找一些有语言和动作参与的互动游戏，如听一动类游戏，父母发出指令，孩子做动作，然后角色交换。还有一些抗干扰的游戏，如放背景音乐，完成指定任务（任务可以自己设计，由易到难）。

第四，与孩子一起设立目标，建立规则，找到实现目标的路径和方法。目标能够起到引导、纠正孩子行为的作用，同时也能够起到激励的作用。目标和规则建立的关键在于一定要让孩子也参与到目标设定中来，而不仅仅是家长单边制定。这个目标可以是一项家务等具体行为，也可以是学习目标。同时要给予孩子实现目标的方法，也就是让孩子知道怎么做才能达成目标。接下来就是耐心地引导和鼓励。

Q3 孩子为什么不愿意学习？

我叫小赵，今年初三。其实上初中之前我基本算比较顺利，在班里总是前三名。我爸爸是博士，妈妈是博士生导师，他们总是跟我说，要好好学习，如果能考入剑桥哈佛，不管多贵他们都愿意供我。我也觉得自己应该没什么问题。上初一的时候，我学习成绩也还行，虽然只是班上前五名，但毕竟我们是重点学校。但是上了初二之后，也不知道为什么，我感觉方方面面都不顺利，同学的话题我没兴趣，有的科目也听不懂了，回家只想跟网友聊天，一想起作业没写完就感觉好烦躁啊。我这是怎么了？现在我都不知道自己能否上个重点高中，更别提拿奖学金出国留学了。爸妈每天看见我就是唉声叹气，我特别害怕他们看见我成绩单后的沉默，真的比骂我还难受。可是我真的就是不想学习，也不知道该拿自己怎么办！

这是一位初中生的自述。面对逐渐减退的学习热情，面对不断下滑的成绩，面对父母的唉声叹气，大多数人都会感到烦躁和焦急。事实上，不想学习只是一个表面现象，我们需要看到不想学习的原因，也就是问题背后的问题。

孩子不想学习的原因有哪些

根据小赵的描述，我们可以分析出导致他学习兴趣减退的主要原因有以下三个。

第一个原因是以前小赵对自己的期待和要求比较高。以往小赵学习比较顺利，学习本身给他带来愉悦感和成就感，所以他对学习充满热情，对自己和未来也充满信心。而现在遇到了一些困难和挫折，小赵开始怀疑自己的学习方法和能力，产生急躁、失落、逃避等心理，没有了以前的那种学习热情，对未来也有些迷茫和担忧。

第二个原因是父母对小赵的期待和要求比较高，但看到他的成绩下滑了又爱莫能助，对他有些失望。满足不了父母的期待和要求，得不到父母的认可，这让小赵压力倍增、焦虑至极，但越是着急就越没有心思和精力去好好学习。当然，父母的这种态度并不代表不爱他了，只是他们跟小赵一样暂时难以接受现状而已。

第三个原因是现在的诱惑也越来越多，如手机、游戏、网聊、综艺、影视剧等。孩子获取娱乐消遣的渠道越来越多、越来越便捷，就容易"上瘾"，惰性、懈怠和依赖心理往往也随之产生。如果遇到困难，孩子更容易通过这些渠道来补偿或逃避，这样反过来也会耽误小赵的时间、分散他的精力和注意力，从而让他进入一个恶性循环。

孩子可能面对什么困难

小赵说到，在初二以前一切都很顺利，进入初二就"感觉方方面面都不顺利"了。那么，他那个时候到底怎么了？这个问题还得小赵自己来回答。常见的原因主要包括以下几个方面。

1. 学习的瓶颈

简单来说就是学习遇到了困难。初二开始，学习难度和强度大大提升。同时，由于校内学习任务加重，学习时间延长，校外培训"加餐"的影响也随着年级的提升而减少。再加上"双减"政策的影响，小赵之前因父母的精心辅导和校外培训的加持而得到的"学习顺利"，在此情况下就大打折扣了。小赵对有些课程内容听不懂、跟不上，就是学习瓶颈的问题。

2. 成长的烦恼

有这么一种说法"初一相差不大，初二两极分化，初三天上地下"，说明初二这一年非常关键，处理不好就容易出问题。初二的孩子正值青春期，这一时期，人的身体、心理都处于剧烈变化之中，处于半成熟期：一方面，孩子的自我意识逐渐增强，希望得到大人的认可和尊重，希望独立、自主，有自己的私密时间和空间；另一方面，孩子的性意识开始萌动，对自身形象越来越在意，希望得到同龄人，特别是异性的关注。这两个方面的问题如果得不到妥善的解决，孩子便容易心烦意乱，影响学习。

3.父母的不理解

初二的时候，孩子正处于青春期，父母可能也正处于事业的爬坡期、生活的麻木期，他们也会焦虑、烦躁、苦闷，对孩子的耐心、倾听和理解就可能会减少。孩子有时也会觉得父母难以沟通，甚至不可理喻。然而，孩子的生活、情感、学习等却不得不依赖父母，如果处理不好，就会形成矛盾和对立，让人纠结甚至抓狂、无力，进而影响学习。

4.重要事件的影响

初二那段时间，也许发生了一些对孩子来说很重要的事情，比如，父母之间的矛盾争吵，身边人的生老病死，班主任或任课老师的岗位调换或对自己的误解，与在意的同学关系紧张、疏离，等等。这些事件都会在一定程度上影响孩子的心态和学习。

🌏 找准原因才能解决问题

实际上，小赵现在对学习并非完全没有兴趣，只是不像以前那么有热情了；他的学习成绩并非跌落谷底，只是暂时没有名列前茅；他的父母并非完全失望、放弃他了，只是暂时不知道怎么帮助他。所以，小赵首先需要做的就是重新审视自己的现状，降低对自己的期待和要求，确定一个"跳一跳够得着"的学习目标，然后制订相应的计划。比如，先考上一个差不多的高中，能考上重点更好，至于考大学、出国深造的事，到时候再说。

当然，在日常的学习中，小赵也不能放纵自己，该约束的时候也要约束。要确保能跟得上学习进度，完成家庭作业，不会的要向老师和父母求助，不要欠账。至于学习成绩，只要尽力就行了。

其实，考上好大学并不是学习的最终目标，只是实现人生梦想的一种可能的途径而已。有很多没上过大学的名人，也有很多名牌大学的庸人。所以，关键在于小赵想要什么，他的梦想到底是什么？也就是说，他要找到学习真正的原动力，搞清楚到底为什么而学。把这个问题真正想清楚了，在任何时候努力学习都为时不晚。

还有，要试着跟父母进行沟通，让他们知道和理解自己的现状和想法，争取得到他们的支持。小赵的父母此前跟他一样抱有太高的期待，现在看到他不爱学习、成绩下滑，心里着急又无能为力才"唉声叹气"的。如果父母真正理解他的处境，则有可能可以提供合适的帮助。

因此，小赵首先有必要把他的状态和困扰告诉父母，跟他们表明自己学习确实遇到困难了，并说说具体遇到了哪些困难，自己的真实想法是什么。其次，小赵可以把他的那些烦躁、失落、茫然、愧疚、抱怨等负面情绪，试着跟父母表达出来。毕竟他们是大人，自己是他们的孩子，他们会愿意理解和支持孩子的。最后，小赵还要把他希望父母做什么明确地告诉他们，能达成共识就更好。比如，请父母降低对自己的期待，不要太在意成绩，要多给他一些鼓励，不要唉声叹气，等等。如果有可能的话，还可以跟父母一起探讨解决这些问题的办法，如如何提高学习效率等。他们本身就是"学霸"，一定有很多行之有效的学习方法和经验。

总之，重燃学习热情、实现人生理想不是一件简单的事情，也不是一蹴而就的事情，需要孩子重新全面、辩证地审视自己的现状，适当调整对自己的期待和要求，努力克制自己的不良习惯和惰性，并争取得到父母、老师的理解和支持。

Q4　孩子为什么宁愿要手机也不要爸妈？

"他打死我，手机就是他的命！"

北京西站，母亲带着一位不到14岁的少年来北京旅游散心。少年因"网瘾"辍学在家，母亲认为带着孩子来北京见见世面，就能让孩子收心学习。谁知孩子依旧手机不离手，一味地玩游戏，根本无心旅游也不跟母亲交流。对此母亲是越想越气，于是在地铁站内直接夺过儿子的手机，把手机给摔坏了。看到手机不能用了，气急败坏的少年直接抡起书包砸向母亲，跟母亲扭打起来。

在民警的劝解之下，二人冷静下来并尝试进行沟通。

伤心无助的妈妈、委屈认错的孩子，在人来人往的车站被人围观，反映了无数中国家庭都存在的问题——网瘾少年为哪般，父母无奈且心酸。

面对坠入网络迷宫的孩子，焦虑的家长就像被一双无形的大手扼住咽喉一样，窒息又绝望。为什么昔日的乖乖崽会变成如今的"恶魔"？是孩子陷入游戏的漩涡难以自拔了吗？从什么时候开始，曾经亲密无间、令人向往的亲情的怀抱，离孩子越来越远……

调查发现，九成的"网瘾少年"敌视父母。如果给他们出一道选择题"父母和手机掉水里你会先救谁",恐怕答案会让很多家长难过。

面对无比诱人的网络世界,"网瘾少年"甚至扬言,"我愿意'死'在游戏里",让人深感担忧。

看着这些孩子,家长心中不禁疑惑:为什么孩子宁愿要手机,也不要我们?

❤ 何为"网瘾"

网络成瘾,即网络成瘾综合征,也称病理性网络使用。

美国匹兹堡大学金伯利·杨(Kimberly Young)博士将网络成瘾定义为,由于过度使用互联网而使个体产生明显的社会、心理功能损害的一种无上瘾物质的上网行为失控。

网络成瘾的一般特征是无法控制自己的上网时间,因此持续时间是诊断网络成瘾的重要标准。一般情况下,相关行为要持续12个月才可确诊。

❤ 孩子网络成瘾的原因有哪些

孩子"网瘾"的形成有很多影响因素,包括其自身的原因、家庭和学校的原因及社会环境的影响。其中,家庭因素的影响在青少年网瘾的形成中起到了至关重要的作用。

1. 孩子自身因素

孩子在成长过程中,会面临各种心理压力,如学业压力、家庭压力、社交压力等,而网络游戏等虚拟世界可以使人逃避现实,从而成为缓解心理压力的途径。

孩子的大脑在发育过程中，对奖励和刺激的反应比成年人更为敏感，而网络游戏等虚拟世界中的奖励机制和刺激因素正好能够满足他们的心理需求。

青少年在社会化过程中，需要与同龄人互动和交流，而网络游戏等虚拟世界可以提供一种与他人交流的平台，从而满足他们的社交需求。

2.家庭环境因素

我们在生活中经常能见到，有些家长在自己烦躁或孩子闹情绪的时候，就会把"保姆"的任务交给身边的电子媒介，如吃饭的时候给孩子看手机，孩子哭闹想要陪伴的时候给孩子看手机，哄孩子睡觉的时候给孩子看手机……

造成这种现象的原因之一是未成年人频繁的情绪问题可能会引发家长对养育的焦虑和无力感，从而允许孩子使用电子媒介来安抚他们的情绪。

中国互联网信息中心和共青团中央维护青少年权益部联合发布的《2020年全国未成年人互联网使用情况研究报告》显示，我国有90%以上的儿童使用互联网，80%以上的未成年人拥有属于自己的电子媒介（手机、平板、电脑等），多数未成年人工作日的日均在网时长在1小时以内，节假日的日均在网时长在半小时到2小时之间，10%以上的未成年人存在过度使用互联网的问题。

拉曼（Raman）等在研究中探究了未成年人在多个日常活动（起床、洗漱、穿衣、早饭、午饭、午睡、游戏、晚饭、洗澡、睡觉）中使用电子媒介的情况及其影响，如一边吃饭一边看视频、睡觉前玩电子游戏、上厕所时玩电子游戏等。研究发现，如果孩子在5个以上的日常活动中都曾使用过电子媒介，那么他们发生社会性问题和情绪问题的风险会大大增加。研究指出，儿童过分依赖电子媒介确实会导致一系列的问题，如攻击行为、情绪问题、注意力涣散等，这些会阻碍他们的健康成长，因为电子媒介无法取代真正意义上的"依恋关系"。

英国心理学家约翰·鲍尔比（John Borrlby）提出的"依恋理论"认为，早期亲子依恋的质量会对个体的人格和心理产生重要的影响。人类在生命早期就开始形成依恋关系，这种关系是以满足基本的生理和心理需求而形成的。婴儿和幼儿期的依恋关系对个体的成长和发展至关重要，它们对个体的自尊心、自我认同、情感调节、社会认知和行为调节等方面都有着深远的影响。

因此，一旦电子媒介取代了父母，就会促使孩子对电子媒介形成亲子依恋。比如，城市和乡村里的"留守儿童"的父母忙于工作或不在身边，就会用电子媒介来补偿孩子。孩子长期缺乏父母的关爱和陪伴，就会把电子媒介当成关系亲密的"父母"，在网络世界里寻找温暖的家。

对儿童的早期发展来说，严重的环境剥夺意味着儿童失去了与亲人交往的机会。因此，以依恋理论的视角来审视缺乏父母关爱的新时代"留守儿童"问题有着重要的现实意义。

美国心理学家爱因斯沃斯（Ainsworth）用陌生情境法对依恋的类型展开研究，将依恋模式分为安全型依恋、回避型依恋和反抗型依恋3种类型。后来梅因（Main）等又提出了第4种依恋类型——混乱型依恋。

（1）安全型依恋的儿童表现为喜欢与依恋对象在一起，并将依恋对象作为安全基地，大胆地展开对周围环境的探索和与陌生人的交往。安全型依恋是儿童情绪健康和人格发展的重要基础。

（2）回避型依恋的儿童对依恋对象表现出明显的回避和忽视，有人把这类儿童称为"无依恋儿童"，这类儿童与父母之间并未建立起真正的依恋关系。

（3）反抗型依恋的儿童具有强烈的分离抗拒，他们对依恋对象往往表现出矛盾性行为倾向，既希望和依恋对象一直保持接近，但当依恋对象主动接近时，他们又表现出抗拒行为。

（4）混乱型依恋也称为解体的依恋，常兼有回避型和反抗型的特点，在陌生情境中易表现出混乱和缺乏组织的行为，是最为缺乏安全感的依恋类型。

非安全型依恋的儿童不易对人产生信任感，常常处于失望、焦虑、愤怒、恐惧等情绪状态中，容易发展出怀疑、冷漠、孤僻等人格特征。

研究表示，父母对儿童的态度和行为会直接影响到儿童的内部工作模式，这是儿童与父母之间，以及儿童长大成为父母后与孩子之间会建立何种依恋关系的关键。所以当父母以一种暴力、压制的手段强制剥夺了"网瘾少年"在虚拟世界里的家和亲人的时候，孩子也会"以暴制暴"予以还击，这正是"网瘾少年"要手机不要父母的原因所在。

因此，"网瘾"看似是孩子的问题，其实更多的是家庭关系的问题。家长要想从"网瘾"手里夺回孩子，就得想方设法做回孩子真正的父母。

3.学校教育因素

如今，学校对学生的要求越来越高，学生需要花费大量的时间和精力来学习和完成作业，这便使一些学生无法去平衡学习和娱乐的时间。学习上过大的压力无处排解，是导致他们沉迷在网络游戏等虚拟世界中的一个重要原因。

学校是青少年社交的主要场所，一些青少年由于自身社交不足或受到同龄人的排斥，会选择通过网络来获得社交满足。这种行为极易演变成"网瘾"。

一些学校过于注重学生的考试成绩，从而忽略了对学生综合素质的培养。这使一些学生对学校的教育方式感到厌倦，进而会选择通过网络来寻找刺激和快乐。

4.社会环境因素

现代社会中，人们要面临巨大的社交压力，特别是青少年，他们往往需要面对同龄人的评价和竞争，而上网成为他们与他人交往的一种方式。大量的媒体内容，包括短视频、游戏、电视、电影等，都含有对不良价值观的渲染，这些价值观会影响青少年的行为和选择，包括上网行为。此外，手机的普遍使用也让青少年有更多的机会接触网络，由于缺乏监管等级，青少年会接触到大量的不良信息，如低俗色情、暴力恐怖等，这些信息容易引发青少年的好奇心和探索欲望，使他们沉迷其中。

面对"网瘾"，家长可以做什么

家长必须正视青少年的"网瘾"，意识到粗暴干涉并不能从源头上解决问题。当孩子出现问题时，家长应该正确认知、科学对待，尽早为孩子筑起心理安全的坚固堡垒。这里要提醒各位家长，不要等孩子染上了"网瘾"再去干预，预防要比治疗付出的代价小很多。

研究显示，家庭干预是解决"网瘾"问题的最佳方式。网瘾的改善需要经过从认知到行为的转变，是一个长期的心理成长过程，家庭环境及成员关系往往是孩子成瘾行为形成的重要原因，因此以家庭为单位的干预更加有效。所以家长应尽可能地为孩子创造一个良好的家庭环境，帮助孩子战胜"网瘾"。

1. 自我约束

父母应首先摆脱对互联网的依赖，以身作则，与孩子互相监督，拒绝做"网瘾父母"。

2. 线下活动

多陪孩子做一些如读书、运动、旅游等网络之外的休闲娱乐活动，不给予孩子过多的学习压力，注重孩子的个性成长。

3. 交流沟通

营造和谐友爱的家庭氛围，倾听且尊重孩子的想法和意愿，经常给孩子表扬和鼓励，用欣赏的眼光看待孩子的成长，耐心倾听孩子的倾诉，鼓励孩子准确、清晰、流畅地表达自己的想法，获得孩子的信任。

4. 教育引导

对孩子进行正确的网络教育，上网前约定好上网时间和浏览内容等，陪同孩子一起，引导孩子正确上网、绿色上网，免受网络上不良信息的危害。

5.心理疏导

家长应该关注青少年的心理健康状况，及时给予心理疏导，帮助他们解决因上网而产生的负面情绪。如果家长自己无法有效干预青少年的"网瘾"问题，可以寻求专业人士的帮助。

需要注意的是，戒除孩子的网络依赖，家长需要有充足的心理准备。首先，接受现实，保持平静状态。不要把它当成世界末日从而产生紧张、焦虑、愤怒、担心等不良情绪。要相信通过自己的努力，可以把孩子从网络拉回到现实生活中来，家长的信心就是孩子的决心。其次，千万不要相信孩子保证"我自己一定能戒掉"。因为依赖和成瘾行为仅凭孩子自己的努力可能很难解决问题，需要有外界的帮助。最后，戒除网络依赖的过程要循序渐进。不要期盼孩子的网络依赖能在很短的时间内得到完全解决，要有打持久战的准备。在方法的选择上也要防止急躁，不能一下子就完全限制孩子对网络的使用。

哪些方法对干预"网瘾"有效果

此外，认知行为疗法、运动干预、团体心理干预、药物干预等都对网络成瘾有效果。

1.认知行为疗法

在认知行为疗法干预中，成瘾者通过觉察自己的感受，识别自身存在的观念，监督管理自己的思维及行为来减少成瘾的发生。温克勒（Winkler）等指出，认知行为疗法可以有效减少成瘾者的网络使用时间，成瘾者需要不断练习新观念和新行为，久而久之就会习得新的自发性或习惯性行为。

2.运动干预

经常参与诸如篮球、足球、羽毛球、乒乓球、下棋等运动，不仅可以改善成瘾者的身体状况，同时有利于增强自尊心、磨炼意志、抵抗"网瘾"，能够有效降低青少年网络成瘾水平。

3.团体心理干预

团体心理干预以团体成员为对象，通过成员之间的互动，促使青少年在不断地观察、学习及体验中认识、接纳自我，学习新的态度和行为，从而减少成瘾行为。

4.药物干预

药物干预的效果较差，常用的"网瘾"矫治药物有西酞普兰及安非他酮等，其主要作用在于抑制大脑皮层，恢复大脑"奖赏系统"及多巴胺分泌的平衡，同时对网络成瘾引起的各种戒断症状尤其是不良情绪进行治疗，实现生理脱瘾，大多作为心理治疗的辅助手段。

摆脱"网瘾"需要哪些外部环境

此外，学校、社会、法制等大环境的改善，也能够为"网瘾少年"摆脱"网瘾"提供良好的外部环境。

1.学校角度

学校应贯彻落实素质教育，教会学生正确认识网络、使用网络。开设网络相关的心理辅导课程，为学生答疑解惑。

2. 社会角度

各网络平台应切实落实对未成年人的网络限制政策，除此之外，还应大力建设适合青少年休闲、娱乐、社交的场所，举办符合青少年特点的网外活动。少一些竞争，多一些娱乐，这将有助于转移青少年集中在互联网上的注意力，丰富课余生活，有效舒压，帮助青少年快乐成长。

3. 法律法规角度

建立健全完善的网络相关法律法规，加强对青少年上网的监管；净化网络环境，对网络游戏进行分级管理。应根据青少年身心特点及实际年龄来设置网络游戏的标准及内容，并建立健全完善的游戏防沉迷机制。应严厉打击允许未成年上网的网吧，为青少年营造健康绿色的上网环境。

写在最后

经济学家丹比萨·莫约（Dambisa Moyo）曾说过，"种一棵树最好的时间是十年前，其次是现在"。《管子·权修》也提到"十年树木，百年树人"的理念，孩子的健康成长并非一朝一夕的事情，需要全社会的共同努力。

"网瘾少年"是一面镜子，反映的是成年人的生活。为了给祖国的花朵创造真正的"快乐星球"，只有在孩子、家长、学校、社会之间筑起心理安全的铜墙铁壁，我们的社会和民族才能够获得健康、长远的发展。心理安全，需要你我携手共筑。

Q5 孩子为什么总是不合群？

"我家孩子都上小学3年级了，不论是在学校还是外面，总是显得不合群，不善于和小朋友一起玩。"这是一位焦虑妈妈的自述。

我们非常能理解这位妈妈的心情。也许这位妈妈存在这样的认知：那些敢于社交、善于社交的人，在如今的社会中左右逢源，朋友多、路宽，就会很吃香、很受喜爱、很有前途。这是很多父母的真实想法，因此除了学习，他们还会有意无意地关注、培养孩子的社交能力。因此，当孩子表现出不敢或不善于社交的时候，他们便开始焦虑了。

那么我们该如何帮助这位妈妈呢？

🌏 你的孩子属于哪种类型

我们首先需要了解的是每个孩子的性格不同，交朋友的方式和与朋友相处的方式也不一样。心理学家卡尔·荣格（Carl Jumg）的心理类型理论将人分为外倾和内倾两种类型。外倾的人关注自己如何影响外部环境，将心理能量和注意力聚集于外部世界和与他人的交往上。我们可以这样理解，当外倾的人遇到困境的时候，或心情不错的时候，他们往往需要通过与他人的交流来获取或释放力量，如聚会、讨论、聊天等。而内倾的人则不同，他们关注外部环境的变化及对自己的影响，将心理能量和注意力聚集于内部世界，关注自我的内部状况，注重自己的内心体验。因此当内倾的人遇到困境时，他们更愿意安静地独立思考，独自体验内心情感，不希望他人介入。如果此时被打扰，他们往往会表现出不开心、紧张、焦虑、愤怒等消极情绪。内倾的人对开心快乐的表达与外倾的人相比也是比较含蓄的。

两种类型的个体在各自偏好的世界里会感觉自在、充满活力，若在相反的世界里则会深感不安、疲惫，甚至会生病。比如，让内倾的人暴露在热闹的群体里，并让其表达自己；让外倾的人沉浸在安静的环境里，不让其表达自己。

无论是内倾还是外倾的人，都有各自的优势。内倾型个体的最大优势就是他们具有一种内部的连贯性，完全不受瞬息万变的外部世界的影响。无论外部环境和刺激如何变化，他们的内心都很少波动。有一种"任尔东南西北风，我自岿然不动"的感觉，这是外倾的人所不具备的。同时内倾型的人总给别人一种淡漠的感觉，但他们从来不会因为缺乏外界的鼓励而灰心丧气。只要他们相信自己所做的事情是有价值的，即便没有他人的支持和认可，也能够持之以恒地坚持下去，这也是外倾型的人所不具备的特质。外倾型的人容易受环境影响，尤其是在得不到别人的反馈时，容易产生自我怀疑，"真不知道自己的工作到底有没有做好！"

因此，父母首先要做的是花时间耐心地了解自己的孩子，他们属于哪种类型？他们的特点是什么？父母要顺应孩子的类型去培养他们，促使他们性格特征的优势发挥出来，而不是按照自己的期望来培养。

家庭教育方式，对孩子社交有哪些影响

同时也要认识到，家庭教育方式也会影响孩子的社交选择。有些家长出于各种原因对孩子的管教比较严格，或者比较溺爱，他们会小心翼

翼地保护孩子，以各种理由干涉孩子选择玩伴的自由，甚至强行介入孩子的社交游戏中。这样对孩子社交能力的发展是弊大于利的。

孩子上幼儿园后，自我意识快速发展，对事物有了一定的认知和主见。他们每天和很多的小朋友、老师打交道，长时间相处下来，自己内心会有判断，喜欢谁，和谁在一起更快乐。由于父母的认知和思想与孩子相差甚远，有时候孩子喜欢的朋友，父母未必喜欢。尤其是和不同性格的小朋友在一起，由于判断力和行为控制力并不成熟，难免会受朋友的影响，某些行为举止也许就会和父母的教育理念及规则相冲突。这时父母往往会强行让孩子与朋友分开，不让他们在一起玩耍。这会伤害到孩子的心理，让孩子有挫败感，对今后的社交能力也可能会起到消极作用。

因此家长不要过多干预，让孩子根据自己的意愿交朋友，选择伙伴玩耍、交流，这也是社交能力发展的重要开端。朋辈之间的陪伴对认知发展、情绪情感方面都有积极的作用，而且这些是家长无法给予的。对那些能从父母的保护中逐渐分离出来的孩子来讲，朋友的出现为他们开启了另一扇生活的大门。在与朋友的相处中，孩子既懂得了怎样建立同伴关系，从"打架"中知道了各自的边界在哪里，从游戏中掌握了彼此之间如何互动，又懂得了分享和包容，这些都是在发展和提升孩子与人交流的能力。

朋辈之间的积极互动还能培养孩子的同理心和耐心，交朋友的过程也是与人建立平等关系的最初体验。如果这个过程总是由大人控制、总是不如意，那么孩子将对与人交流产生消极心理，如抗拒、焦虑、攻击等。

父母如何培养孩子的社交能力

基于上述情况，父母应该有意识地主动培养孩子的社交能力。需要注意以下几点：第一，发挥榜样的力量。言传身教是父母最好的教育方式之一。若要培养孩子的社交能力，父母应该让孩子参与到成人积极的、适度的社交活动中，父母应表现出相应的积极情绪，并主动向孩子讲解成人社交的目的和意义。第二，对不同性格的孩子，采用不同的培养方式。对内倾型的孩子应先征求他的意见并得到明确的答案后，再带领孩子参加社交。尽量选择安静的场合，切忌强迫孩子当众发言、表演才艺等。第三，父母需要倾听孩子对社交的看法。即使孩子的观点不符合社会要求，父母也不要着急，应慢慢地加以引导。第四，当孩子遇到社交问题时，父母应耐心加以引导，用积极的心态去应对。

流行经典《朋友》中有句歌词："朋友一生一起走……一句话，一辈子。"这也许就是对待朋友的基本准则，也是人们对友谊的美好期许。

Q6 如何判断孩子是否正在经历校园霸凌？

"敢告诉你妈，我就打死你！"

"你被扒光的视频已经拍下来了，要是敢把打你的事儿说出去，就把你裸照发网上！"

"他们叫我娘娘腔，把我往女厕所里推，冬天往我身上踢雪，边踢边骂我是变态。"

"他们骂我绿茶、贱人，还说你的父母都死了，为什么你还不去死！"

校园和霸凌本是两个非常不搭的词语。校园似春风，霸凌如猛虎。

4分钟被打89个巴掌、头上被套垃圾桶的河南郏县女孩，遭霸凌致左耳鼓膜穿孔的海南临高13岁女孩……桩桩件件令人痛彻心扉，"校园霸凌"再次被推上了风口浪尖！

也许在你阅读这篇文章的这一刻，有一个孩子正在遭受霸凌。被人孤立、被人排挤、被人随意捉弄"开玩笑"……身体的痛远远不及心里的苦，每一天都带着恐惧走进校园。

什么是校园霸凌

校园霸凌除了身体霸凌（直接的肢体攻击，如殴打、推搡），还包括以下几种方式。

言语霸凌：当众恐吓、辱骂，起带有侮辱性的外号等。

关系霸凌：通常是对人际关系的操纵，孤立或排斥受害者、散布谣言、暗中败坏受害者的声誉或贬损其社会地位。

网络霸凌：使用社交媒体传播谣言和八卦，发送辱骂或伤害性信息。

性霸凌：对他人性别特征、性别特质、性倾向或性别认同进行贬低、攻击或威胁，如荡妇羞辱、对发育较早的女孩指指点点等。

偏见霸凌：对不同性取向、种族、宗教的人有偏见，并表现出歧视的语言和行为。

谁该为校园霸凌负责

近年来，由校园霸凌引发的重大社会新闻层出不穷，反校园霸凌经过多方、多年、多层面的宣传和治理，为何依然屡禁不止？

1. 先从几个有意思的心理学实验来看

（1）破窗效应：是指一个社区或环境中，一扇破窗或一件小事存在，会引发更多的破坏或罪行。这个理论最早由犯罪学家威尔森和凯林在1982年提出，他们通过观察社区环境，发现一个破窗可能会导致更多的窗户被破坏，进而引发更多的犯罪行为。同样地，校园霸凌也存在"破窗效应"。当一个人在校园中遭受"霸凌"时，如果校方和家长没有及时处理，这种行为就会被视为"可容忍"，引起其他学生的纷纷效仿。这种效应可能会导致一个小型的霸凌事件变成全校范围内的大规模霸凌事件。

（2）从众心理：当我们看到大多数人做某件事情时，会不由自主地模仿他们。所以，当一个学生在校园中霸凌同学时，其他同学很容易受影响，进而导致更多的学生参与到霸凌事件中。

（3）群体效应：当一个人身处于群体中时，他们往往会失去自己的价值观和判断力，跟随群体行动。这也是在一些校园霸凌事件中，有些平时并不具有欺凌倾向的学生也会参与其中的原因。

2. 再从孩子、家庭、校园、社会等层面来看

（1）孩子的家庭环境。家庭中的亲密关系、亲子互动、家庭教育等因素都会对孩子的性格和行为产生影响。如果家庭缺乏温暖、关怀和爱，孩子可能会缺乏对自己情绪和行为的控制，对他人产生敌对和恶意。

被霸凌：研究表明，所有类型的被霸凌都与父亲、母亲的关爱呈显著负相关，家长对孩子充分的关爱、有效的沟通、恰当的引导是减少校园霸凌发生的重要因素。值得注意的是，在所有被霸凌的种类中，只有被网络霸凌与父母控制维度呈显著正相关，即家长对孩子控制越严格，孩子遭受网络霸凌的风险越大。这说明父母控制并不能保证孩子不被霸凌，到了虚拟的网络世界，父母不能再扮演保护伞的角色时，所以霸凌问题仍会困扰着孩子。

霸凌者：霸凌行为与父亲的态度有更高的相关性。家长对孩子控制强，孩子也会学着家长的样子想去控制其他同学，当控制不成时，霸凌便产生了。在固有观念中，父亲在家庭中的缺位被认为理所应当，对孩子的教育、沟通有所欠缺也被视为正常，而当父亲试图去弥补这种缺位时，往往又缺乏母亲管教孩子的耐心，表现出来的往往是简单粗暴、直接却不讲方法，这样一来孩子难免有样学样——将从父亲身上学来的这种粗暴转而施加给同学。

（2）孩子所处的社会环境。如果孩子所处的社会环境或接触到的新闻媒体传播中存在暴力、歧视、偏见等问题，孩子可能会模仿并将其视为正常行为。

学生有很多机会受到不良信息的影响。例如，学校或家庭周边的游戏厅、游乐场所、歌舞厅，酒吧，以及文化市场上出现的良莠不齐的网络小说、充斥着暴力的不良漫画和书籍等。中小学生的许多行为还处于模仿阶段，因自身对外界诱惑的抵抗力较差，接触过多复杂的社会不良风气容易歪曲自身的价值观念和人生追求，模糊作为学生的道德标准和行为准则，从而滋生校园霸凌现象。

（3）孩子身上的不良行为习惯。在学校中，一些孩子可能因为自身的情感和行为问题而对别人产生攻击性行为。比如，某些孩子因为自卑、自尊心强烈、自我感觉不良等对别人进行攻击。校园霸凌的发生，问题往往并不在被欺凌者身上，主要在于施暴者的不良行为习惯和品行。

（4）学校环境影响。学校的教育环境对孩子的行为也有一定的影响。如果学校教育缺乏人文关怀、道德教育、心理健康教育等，孩子可能会缺乏对他人的尊重和友爱，并且缺乏应对困难的自我调节能力。

研究发现，学校教学氛围越好，校园霸凌现象就越少。根据美国心理学家班杜拉（Bandura）提出的集体效能理论，集体效能的信念是通过认知、动机、情感和选择等过程来影响集体行为的。基于此，学校可以通过创建一个井然有序、管理规范又充满人文关怀的环境来影响学生的集体行为。例如，当学校鼓励互相帮助、尊重和包容他人，重视品德教育，反对校园欺凌，设立严格的保护措施和施暴者惩罚规范时，学生就会自发地使其行为更加符合校园的道德标准。长此以往，这种健康的人际关系环境将促使学生逐渐形成关心弱势群体、尊重同伴和老师、自我约束和监督他人行为的集体效能信念。

建设心理安全环境，让校园霸凌无处遁逃

一些童年时期遭受过校园霸凌的孩子可能会比没有这种经历的孩子更加情绪不稳定。并且他们通常会将问题归咎于自己，觉得是自己做错了才导致被霸凌的结果。这种持续的负面归因和自我怀疑，会显著增加他们罹患抑郁症及其他精神疾病的风险。

卡蒂亚拉·海诺（Kaltiala-Heino）等研究发现，经常被欺凌的男

学生患抑郁症的可能性是其他男学生的5倍，自杀的可能性是4倍。被欺凌的女学生患抑郁症的可能性比其他女学生高出3倍，自杀的可能性高出8倍。里格比（Rigby）和斯利（Slee）的研究发现，欺凌他人的男学生存在自杀意念，而女学生则没有。这些后果会持续到成年期，会直接影响其社会性的正常发展。

根据李月华、滕洪昌等基于师生比较视角展开的关于中小学校园暴力的调查，学生反馈，安全教育似乎在减少学生争吵方面效果不大，但对其他校园暴力和霸凌行为，无论是在小学、初中、高中还是在中职阶段，均显现出积极作用。另一方面，教师认为，安全教育对于保护学生是有效的，尤其对减少女生遭遇性侵犯、降低师生间暴力冲突风险等有作用。综合来看，安全教育对减少学生被校园霸凌侵害的作用是比较明显的。

此外，无论是学生还是教师的回答，都表明了心理安全教育对减少校园暴力所起的作用是非常显著的。

由此可见，对校园霸凌问题应坚持预防在先、治理在后的原则，将预防与治理有机结合。除开展类似"全国中小学生安全教育周"这类活动外，建设校园、家庭、社会三位一体的心理安全环境，从源头上预防校园霸凌的产生至关重要。

反对校园霸凌，我们可以做什么

1. 建立防控校园霸凌的有效机制

学校是防治校园霸凌的主战场，这不仅是因为校园霸凌主要发生

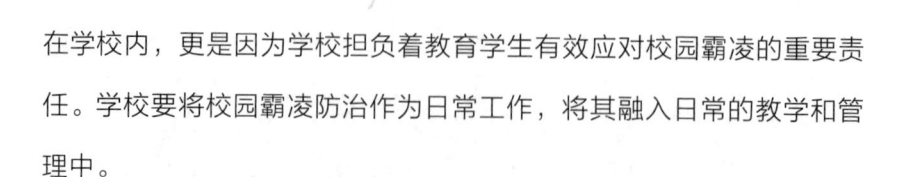

在学校内，更是因为学校担负着教育学生有效应对校园霸凌的重要责任。学校要将校园霸凌防治作为日常工作，将其融入日常的教学和管理中。

（1）增进学生对校园霸凌的了解：通过举办主题班会、制作反霸凌宣传海报及黑板报、分发宣传手册等方式来教育学生。

（2）组织反霸凌活动：定期组织反霸凌的日/周/月活动，如播放反霸凌电影、邀请专家进行主题演讲等。

（3）密切关注霸凌行为：学校需通过教师观察、设置求助信箱或热线、提供心理咨询服务等多种方式，及时识别和详细调查霸凌行为，并采取相应的处置措施。同时，为涉及霸凌的学生提供持续的支持和干预，减轻心理创伤。

（4）构建预防—预警—应急系统：通过系统性的工作，对学生的生理、行为和心理状态进行识别，并在出现情况时由校园中的心理安全员来对相关学生进行心理疏导，帮助其从心理安全困境中走出来。

2. 建设高关爱、低控制的民主型家庭

研究表明，校园霸凌在随迁子女、独生子女和寄养子女群体中发生率较高，这可能和他们缺少家庭、父母或主要照顾者的支持有关。由此可见，家庭承担着非常重要责任，是青少年应对校园霸凌时主要依赖的支持力量。

相关分析也证明，高关爱、低控制的民主型家庭教养方式更有利于孩子社会问题解决能力的培养，进而避免校园霸凌的产生。因此，不要把孩子拴在自己身边、管束孩子的一切，那不是关爱只是控制，一切都为他们包办并不能使孩子免于校园霸凌。

3.建立有效的反校园霸凌的社会支持系统

研究表明，留守儿童、易地搬迁家庭的子女和经济困难家庭子女遭遇霸凌的几率更高。客观条件让这些家庭难以维持一个支持性的家庭氛围，这就需要政府有所作为，如促进农村劳动力在当地就业，确保易地搬迁家庭在新居地找到工作，并为经济困难家庭提供帮助，增加家庭成员间的相处时间等。

在校园霸凌预防和治理方面，应重点关注这些高风险群体，如通过人口学数据进行霸凌的心理和行为分析，制定并实施针对性的措施。校园霸凌的治理需要家—校—政府—社会共同协作，是一项长期、复杂且艰巨的系统性工作。

特别提醒：看懂孩子"无声求救"的信号

比孩子太小不会学舌更可怕的是，孩子大了，却选择了沉默。因此，老师和家长都要有敏锐的嗅觉，当出现如图1-4的信号时，一定要及时关注孩子是否遇到了校园霸凌。

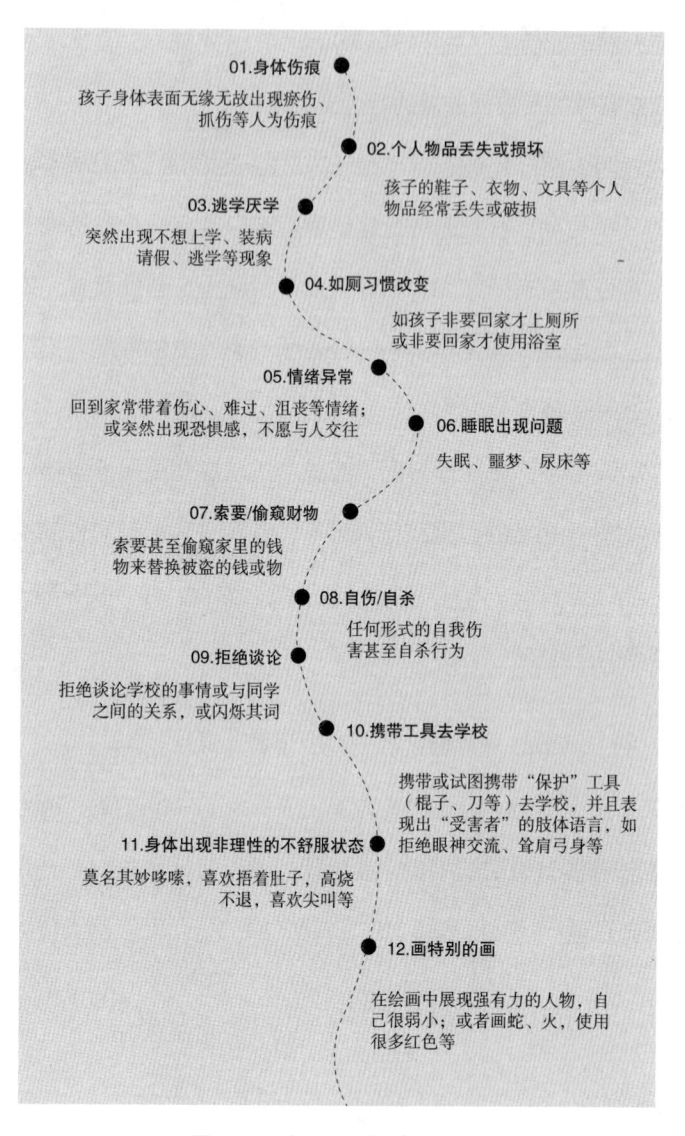

01. 身体伤痕
孩子身体表面无缘无故出现瘀伤、抓伤等人为伤痕

02. 个人物品丢失或损坏
孩子的鞋子、衣物、文具等个人物品经常丢失或破损

03. 逃学厌学
突然出现不想上学、装病请假、逃学等现象

04. 如厕习惯改变
如孩子非要回家才上厕所或非要回家才使用浴室

05. 情绪异常
回到家常带着伤心、难过、沮丧等情绪；或突然出现恐惧感，不愿与人交往

06. 睡眠出现问题
失眠、噩梦、尿床等

07. 索要/偷窃财物
索要甚至偷窃家里的钱物来替换被盗的钱或物

08. 自伤/自杀
任何形式的自我伤害甚至自杀行为

09. 拒绝谈论
拒绝谈论学校的事情或与同学之间的关系，或闪烁其词

10. 携带工具去学校
携带或试图携带"保护"工具（棍子、刀等）去学校，并且表现出"受害者"的肢体语言，如拒绝眼神交流、耸肩弓身等

11. 身体出现非理性的不舒服状态
莫名其妙哆嗦，喜欢捂着肚子，高烧不退，喜欢尖叫等

12. 画特别的画
在绘画中展现强有力的人物，自己很弱小；或者画蛇、火，使用很多红色等

图1-4 孩子受到霸凌的信号

图片来源：海南省教育厅微信公众号

向校园欺凌说不！

愿所有青春都能被温暖对待！

亲密关系篇：怎样与另一半和谐相处

Q1　为什么在恋爱中总是渴望爱却又回避爱？

青青是一位正在恋爱中的女孩子，与男友恋爱近两年了。

最近青青感到特别苦恼。她能感受到男友对她的感情和爱，她也非常喜欢这种感受，特别渴望它，但令她困惑的是，男友一旦靠近她，无论是感情上，还是有亲密行为，如牵手、拥抱、接吻，她都会产生一种莫名的恐惧感和不适感。于是青青就会往后退，刻意与男友拉开一点儿距离。对这种若即若离的状态，男友刚开始并没有说什么，但时间一长，也有情绪。当男友用略带质疑的语气对她说，你是不是不在乎我们的感情时，青青感到有些委屈、有些自责，也有些生气和疑惑。

另外，青青跟关系很好的同性朋友，也无法走得太近。

青青开始想要了解自己，想要知道，自己到底怎么了？

也许与青青有相似经历和感受的男男女女不在少数。多数时间里，他们渴望爱、追求爱，羡慕别的情侣之间那种亲昵的状态。可当爱情发生在自己身上时，他们的内心又会产生强烈的抗拒，心中的那扇大门不允许有人"侵入"，似乎是在害怕今后与爱人在一起的生活。

为什么我们会渴望爱又抗拒爱

事实上，这是亲密关系出现了问题，其核心原因是不安全依恋的影响。

英国心理学家鲍尔比（Bowlby）提出了"依恋"这一重要概念。为我们所熟知的是狭义的"依恋"概念，即特指婴儿与母亲（或主要照顾者）之间形成的互惠的、持续的情感联结。事实上，依恋的概念还包括广义的依恋，指的是个体在青年期、成年期、老年时期与父母、同伴、恋人，以及配偶等他人之间形成的情感联结。

心理学家爱因斯沃斯（Anisworth）的陌生情境实验向我们证明了人类依恋的存在，同时研究出了依恋类型，即安全依恋与不安全依恋，并将不安全依恋区分出三种亚型：回避型、矛盾型、混乱型。

除亲子关系外，依恋理论还向我们揭示了夫妻、恋人、朋友之间亲密关系的秘密，同时告诉我们，能够与其他个体建立亲密情感纽带是人格发挥有效功能和心理健康的主要特点之一。

哈赞（Hazan）和谢弗（Shaver）延续了鲍尔比和爱因斯沃斯的依恋观点，对恋爱关系进行了研究。他们发现（1987），成人伴侣间出现的情感纽带，以及在婴儿和其照看者之间出现的情感纽带，都是依恋行为这一动机系统所导致的，母婴之间的依恋和成人恋爱伴侣之间的依恋具有一些共同的特征。于是，他们提出了成人依恋模型。该模型从"关系回避"和"被抛弃的焦虑"两个维度进行评估，划分出了安全型、疏离型、痴迷型、恐惧型四种依恋类型。除安全型外，其余3种类型的人都没有足够的安全感。

在上述案例中，青青属于成人依恋中的疏离型。在亲密关系中，疏离型的青青不喜欢与伴侣过分亲密，难以信任和依赖他人，这是她在"关系回避"维度的表现。她的苦恼和困惑源自对自己的不了解，而并非担心被男友抛弃或关系结束。这是青青在"被抛弃的焦虑"维度的表现。

成人依恋类型是儿时的依恋类型与气质、父母的依恋模式与气质、父母与儿童之间互动，以及环境共同作用的产物。

青青的儿时依恋类型属于回避型依恋。这个类型的个体不相信自己在寻求父母照顾的时候会得到有效的回应，反而认为自己会被无情地拒绝。这样的个体缺乏爱和支持，所以他们尝试在情感方面自给自足，容易形成自恋型人格或温尼科特（Winnicott）所说的假性自体（1960）。在这种模式下，冲突往往不易被察觉。

回避型依恋的孩子经常会生闷气；当被斥责时，内心无比羞愧，变得更加沉默；对单独与他人共处于同一个空间很敏感，会表现出焦虑不安；人际关系趋于冷淡、疏远。依恋模式一旦成型，会表现出相对的持久性、稳定性。回避型依恋的孩子会和人保持距离感，也可能产生欺负他人的倾向。随着年龄的增长，依恋模式会逐渐成为孩子自身的一种属性，并倾向于把这种模式运用到各种关系中。这也就解释了青青和男友、好朋友的相处模式为什么是一样的。

当安全依恋型的孩子逐渐长大，他的父母对待他的方式发生变化时，他的依恋模式也会更新。相反，不安全依恋型的孩子则倾向于保持自己的模式，即便别人对待自己的方式不同于父母，也很难建立依恋关系。

青青如何改变才能获得更加幸福的生活

对于青青和与她相同类型的女孩子来说，最重要的是学会接受对方的爱，这份爱不需要以牺牲为代价来换取。同时，还要表达自己的真实需求，表达自己对对方的爱和情感。

告诉对方目前自己希望以什么样的方式与其相处也很重要，即便对方并不能一下子理解。当然，在这个过程中，可以尝试卸下自己的防御城堡，打开自己的心房，去和那些充满正能量的、积极的、成熟的人打交道也会有所助益。

Q2 他为什么总是疑神疑鬼？

蔡弋常常对伴侣的行为和意图充满怀疑和不信任。他会不断猜测伴侣的动机，对伴侣的手机、社交媒体账号进行监视和调查，试图找到所谓的"证据"，证明伴侣对他不忠诚。无论伴侣说什么做什么，他总是会怀疑其中的真实意图，并将其扭曲成与自己偏执想法相契合的解释。他对伴侣的控制和要求也变得异常苛刻。他会要求伴侣按照他的要求行事，对任何偏离他设定的规范和期望的行为都表现出强烈的不满和指责。

这种持续的怀疑和控制让他们的亲密关系充满了紧张和痛苦。伴侣在这样的关系中逐渐失去了自信和独立性。

在日常生活中，每个人都可能有固执，甚至偏执的时候，如坚持己见，不容易接受他人的观点或意见；如过度关注细节，并对细节进行过度解读；如喜欢自己掌控局面，对他人的帮助或支持持怀疑态度，并更倾向于自己处理问题和决策等。

个体的偏执具有不同的程度和表现方式，有偏执型人格特征并不一定代表一个人患有偏执型人格障碍，只有当这些特征显著影响到个人的社交、工作和生活功能，并且导致明显的困扰和痛苦时，才需要专业的心理评估和干预。

什么是偏执型人格障碍

偏执型人格障碍的特征是对他人的动机极端不信任和过度怀疑，患者常常认为他人会对自己有害或者有敌意（陆林，2017）。这种不信任和怀疑通常缺乏足够的证据，是过度的和不现实的。例如，对隔壁邻居偶尔的敲墙声可能会极端解读为他人对自己的挑衅，别人随口一说的话解读为针对自己的"指桑骂槐"。

偏执型人格障碍患者倾向于对人际交往中的细微表现进行过度解读，如误解别人的眼神或语气，误将这些视为对自己的不敬或批评。这种持续的疑虑使他们与他人建立和维持信任关系很困难，常常导致他们很少有亲密朋友。在工作中，由于怀疑同事的动机，他们表现出刻板和过于苛求的行为，可能导致工作场所的关系紧张。

由于持续的怀疑和警觉，偏执型人格障碍患者的生活往往充满了压力和不安全感。他们常常处于持续的愤怒和不安中，部分患者可能会通过攻击行为预防性地保护自己，表现为言语上的攻击或者肢体动作，以此来表达他们的不满；还有一部分患者则可能选择避免出现在那些使他们感到不安的社交场合，例如取消参加聚会或者避免与人深入交流。

在应对重大压力或特殊情况时，偏执型人格障碍患者可能会短暂出现精神病性症状，一般持续几分钟至几小时。这可能涵盖类似妄想症或精神分裂症早期的症状。尽管如此，因为这些症状通常持续时间较短暂，不能满足其他精神病性障碍的诊断要求。

统计显示，偏执型人格障碍在那些社交焦虑、孤独、与人关系质量差、学习困难，或过度敏感的儿童和青少年中更为常见。女性偏执型人格障碍患者略高于男性。在有精神分裂症和妄想障碍家族史的个体中，偏执型人格障碍的发生率也较高。

可以看到，偏执型人格障碍既可能是受后天环境影响发展出来的，也有可能是受遗传因素影响，二者在个体心理发展中起着重要作用。

偏执型人格障碍的成因有哪些

当谈到偏执型人格障碍的成因时，我们需要考虑多个方面的因素，包括遗传、生物学、童年经验、认知偏差等。

1. 遗传因素

遗传可能在偏执型人格障碍的发展中发挥一定的作用。家族研究发现，有偏执型人格障碍患者的家族，其成员患病的风险较高。这表明个体的基因构成可能与其发展偏执型人格障碍的风险有关。然而，具体的遗传机制仍然需要进一步的研究。

2. 生物学因素

生物学因素也可能与偏执型人格障碍有关。研究表明，患者与偏执症状相关的脑区可能存在结构和功能异常。例如，大脑前额叶、边缘系统和扣带回等区域与病理性猜疑、冷漠和嫉妒等症状有关。这些脑区的功能异常可能导致在认知和情绪处理方面的困难，从而促使偏执型人格障碍的发展。

3. 童年经验

个体早期的心理和社会经验也可能对偏执型人格障碍的形成产生影响。童年时期的早期创伤、被虐待或被忽视、家庭不稳定或经常起冲突，以及过度保护或过度控制等不良经历都可能对个体的人格发展产生负面影响。这些经历可能导致个体对他人不信任、过分警觉和敌对行为的发展。

4. 认知偏差

偏执型人格障碍的个体可能倾向于产生负面的解释和推断，对他人的意图和行为持怀疑态度。他们可能过分关注细节、寻找证据来支持自己的猜疑，并对他人的行为进行过度解读。这种认知偏向导致了他们对周围环境的持续猜疑和不信任。

5. 思维方式

偏执型人格障碍的个体可能具有刚性、固执和黑白分明的思维方式。他们倾向于以自己的方式看待事物，对其他观点缺乏灵活性和接纳性。这种思维方式使他们更容易陷入偏见和误解，从而难以与他人建立良好的互动关系。

6. 生活应激事件

环境中的压力、激励和应对方式也可能对偏执型人格障碍的发展产生影响。个体在面对生活中的重大变故，如失业、离婚等压力事件时，可能表现出过度的猜疑的行为。同时，个体可能通过过分控制和强迫行为来应对这些压力。这种应对方式会进一步加剧他们的偏执型人格特征。

综合上述因素，偏执型人格障碍的成因是一个复杂的交互作用过程，每个人的情况都是特殊的，因此具体的成因因个体而异。

亲密关系中的偏执型人格障碍

偏执型人格障碍可能会表现出一系列的特征和行为，对亲密关系产生不利影响。以下是一些常见的表现和影响。

1. 偏执猜疑

常常怀疑他人的动机和意图。他们可能会频繁地怀疑伴侣是否忠诚，是否对他们撒谎或背叛。这导致他们经常过度监视和调查对方。就像案例中的蔡弋，他会不断猜测伴侣的动机，会对伴侣的手机、社交媒体账号进行监视和调查，试图找到所谓的"证据"，证明伴侣对他不忠诚。

2. 控制欲

往往有强烈的控制欲望。他们可能试图控制伴侣的行为、决策和社交圈子。他们可能会过度干涉对方的事务，以确保一切都按照他们的标准和期望进行。蔡弋会让伴侣按照他的要求行事，对任何偏离他设定的规范和期望的行为都表现出强烈的不满和指责。

3. 不容忍错误

常常对伴侣的错误或失误持不容忍的态度。他们可能过分强调细节，对错误或疏忽过度反应，甚至对小问题进行长时间的指责和批评。

4. 逃避

可能频繁地怀疑伴侣的忠诚度，并试图通过逃避情感的方式来应对这种猜疑。他们可能远离亲密关系，避免情感投入，以减少受伤的风险。

5. 过度要求安全保障

可能对安全保障有极高的要求。他们可能会坚持要求伴侣提供持续的保证和证明，以确保伴侣的忠诚和诚实。

6. 冷漠和敌意

可能经常表现出敌对的态度。他们对伴侣的怀疑或不信任，会导致冲突和关系的紧张。

这些特征和行为会对亲密关系产生负面影响。它们可能导致伴侣感到受限、受控和不被信任，造成沟通障碍、冲突及紧张关系。偏执型人格障碍者也会因长期处在怀疑、焦虑、痛苦中不断内耗而精神衰竭。因此，在处理与偏执型人格障碍患者的亲密关系时，理解这些特征和行为是至关重要的，同时需要采取适当的沟通和处理策略来维护健康的关系。

如何维护一段安全的亲密关系

治疗和缓解偏执型人格障碍通常需要综合的方法和专业的心理健康支持。以下是一些常见的治疗方法。

1. 心理疗法

心理疗法是治疗偏执型人格障碍的关键方法之一。认知行为疗法（CBT）是一种常用的心理疗法，它能够帮助个体识别和改变负面和不合理的思维模式和行为习惯。通过与心理专家的合作，个体可以学会更加客观地看待事物、解决问题和处理情绪。

2.支持性治疗

支持性治疗是一种关注个体情感支持和情感表达的治疗方法。在支持性治疗中，个体可以通过与治疗师的对话和来自治疗师的支持，探索和理解自己的情感需求，并学会更有效地应对生活中的挑战和压力。

3.药物治疗

在某些情况下，医生可能会考虑使用药物来治疗偏执型人格障碍。特定的抗精神病药物或抗焦虑药物可能会用于缓解焦虑、猜疑和敏感性等症状。不过，药物治疗通常与心理疗法结合使用，以达到最佳效果。

需要注意的是，治疗偏执型人格障碍可能需要较长的时间和持续的努力。重要的是，治疗的目标并不是消除人格障碍，而是帮助个体学会管理和应对症状，改善生活质量，并建立更积极健康的人际关系。

对于亲密关系中的偏执型人格障碍，建议伴侣寻求专业的心理咨询和治疗。专业心理专家可以提供帮助，通过个人和夫妻治疗的方式，帮助双方了解和处理偏执型人格障碍带来的困扰，改善沟通、建立信任和增进亲密关系。

如何与有偏执型人格障碍的朋友相处

支持性的家庭和朋友关系也可以提供情感上的支持和理解，帮助伴侣应对困境和挑战。以下是一些建议。

1.理解和接纳

了解偏执型人格障碍的特点和症状，以便更好地理解患者的行为和思维方式。努力接纳他们的困难和挑战，而不是指责或批评。

2.建立明确的沟通方式

与患者建立明确、直接和尊重的沟通方式是非常重要的。尽量避免使用暗示、含混不清的表达方式或使用控制性的语言。尽量以客观、清晰的方式表达自己的需求和观点。

3.培养信任

因为偏执型人格障碍患者常常怀疑和猜疑他人的意图，所以建立和维持信任关系是非常关键的。保持一致的行为和承诺，并避免背离或伤害他们的信任。

4.设置明确的边界

为了保护自己和家庭成员的利益，设置明确的边界是很有必要的。边界可以包括制定家庭规则和界定个人空间，以确保每个人的需求得到满足。

5.寻求专业支持

与偏执型人格障碍患者相处具有挑战性，因此寻求专业支持是至关重要的。心理治疗师或婚姻家庭治疗师可以提供指导和支持，帮助家庭成员学会该如何处理与患者的关系。

6.自我保护和自我关爱

在维护亲密关系的同时，也要确保自己的身心健康。建立个人支持网络，定期进行自我照顾活动，如锻炼、冥想和放松。

总之，与偏执型人格障碍患者相处时需要耐心和理解。改善亲密关系需要时间和努力，但通过建立明确的沟通方式、尊重彼此的需求和寻求专业的支持，可以创造一个更加安全和稳定的家庭环境。

Q3 他怎么总是一副拒人于千里之外的态度？

电影《告别有情天》的男主人公史蒂文斯（Stevens）是公爵古堡的男管家，他工作一丝不苟，但性格疏离刻板。基顿（Kenton）是新来的女管家，能干、善良又热情。有一次基顿招聘了两位犹太女孩，但公爵为了自保要解雇她们，她们可能会被遣送回纳粹正在兴风作浪的德国。善良仗义的基顿急得如热锅上的蚂蚁，但史蒂文斯却一副毫不在意的样子。基顿以为他是个冷血无情的人，但其实史蒂文斯一直不露声色地帮那两个女孩找工作。这件小事打开了基顿的心扉，她看到这个表面冷冰冰的男人其实内心暖流暗涌，只是不愿表达，她爱上了史蒂文斯。面对基顿的真情，史蒂文斯却替自己规划了一条走向孤单的道路，他始终揣着自己的爱意，不显露半分。最终二人分隔两地。20年后再次见面，基顿泪眼婆娑，但史蒂文斯仍然没有说出埋藏内心20年的感情。

史蒂文斯身上冷淡疏离的特质，符合分裂样人格的典型特征：总是拒人于千里之外。

具有分裂样人格的人，很害怕与人亲近，除了亲属很少有朋友或知己，他们沉默寡言，缺少对亲密关系的欲望，表现出社会性隔离，过着孤独的生活。他们不爱交际，很少主动发起对话，好像对周围人漠不关心。无论在家庭、工作场所或社交场合，他们常常扮演不重要的外围角色，在社会的边缘游走。此外，他们非常偏好机械或抽象的任务，对其他人的批评和赞扬完全不在意。他们很少有深度的感觉，比如说很快乐、很悲伤、很愤怒。在亲密关系中，他们的伴侣可能会抱怨和他之间的关系没有亲密感。

👉 分裂样人格障碍有哪些特征

《精神障碍与诊断手册》第五版（DSM-5）将分裂样人格障碍定义为，一种普遍的社会和人际交往缺陷模式，其特征是对形成亲密关系的严重不适和能力下降，以及认知或感知扭曲和行为古怪，始于成年早期，存在于各种背景下。其诊断特征为：

（1）不渴望亲近的人际关系；

（2）很少有群体性的活动，更愿意选择独自活动；

（3）很少有兴趣与别人发生性行为；

（4）很少有什么活动能够让他感觉到乐趣；

（5）除了一级亲属，缺少亲密的朋友或知己；

（6）显得疏离，无论受到表扬或批评，都显得无所谓；

（7）情绪冷淡，疏离或情感平淡。

👉 分裂样人格和回避型人格是一回事儿吗

分裂样人格和回避型人格都表现出相似的社交退缩型特征，但二者于本质上是有所不同的。

回避型人格的特点是很少有好朋友，很容易因为别人的批评或者不赞同而受到伤害。行为退缩、敏感羞涩，在社交场合，表现为往后退或要逃走，不说话，害怕自己露出窘态。除非确认这个团体喜欢自己，否则不愿意卷入社交关系。回避型人格并不喜欢自己的孤独感，本质是因为自卑，想与别人来往但又害怕被别人拒绝嫌弃。而分裂样人格，在意识层面上，不愿意和别人发生交往联系，他不交往时才是舒服的。

他们的内心世界是怎样的呢

他们对依恋充满了矛盾感，尽管意识层面认为"我"不渴望与别人交往，但内心的冲突是存在的，需求的张力是存在的，只是他否认了自己内心的需求。在婴儿依恋实验中，妈妈离开的时候孩子没有任何反应，妈妈回来了孩子也一声不吭，而从生理指标上看，婴儿的内心是明显焦虑的，只是他们并不表现出来。这类依恋类型的起因是养育者会拒绝婴儿的需求，因为养育者本身情感上是匮乏的，甚至厌恶和孩子有肢体接触，因此很难积极回应孩子的悲伤与难过。这就造成了孩子矛盾退缩的依恋模式。长大后，他们自我保护的方式就是排斥外在的世界，退缩进自己的幻想世界里，因而表现出明显的人际疏离感。

有一位男性来访者，他来访的原因是他太太非常不满意和他的关系，他表现出了很多分裂样的特质，包括非常理智，在人际关系和家庭关系中非常疏离。他爸爸是一个性格粗暴的人，在他十几岁时，有一次他妈妈在楼上突然大喊他的名字，说你快跑你快跑，顺着声音他看见他爸爸拿枪指着他妈妈。他特别镇静地跟爸爸说，你把枪给我，然后过去伸手拿下了枪，危机就这么化解了。看似他很镇定地化解了一场生死危机，但他经历了强烈的恐惧感、愤怒感、痛苦、羞辱等情绪，只是在那一刻他关闭了自己所有的情感。从那个时候起，他对生活的疏离感就开始发生了，他再也不去感受自己的情绪，不去表达自己的情绪，因为如果他真的回忆起这些情绪的话，就会感到无法承受。

具有分裂样人格的人，其原生家庭模式可能是混乱的，养育者一方过度干涉孩子的个人边界，另一方则非常冷漠且严苛，结果孩子既被过度的关心淹没，也被冷漠的拒绝吞噬。在二者制造的混乱下，孩子感到非常无助，所以只能通过退缩来保护自己。

如果你身边有分裂样人格的人，应如何相处呢

（1）在你和他的交往中，尽可能让他感觉到安全和被接纳。尤其要保持一定的距离，不要扑上去说，我来关心你啊，我很担心你啊，你应该这样你应该那样，等等，这种侵入感会让他想要逃离。

（2）欣赏他们的敏感和创造力。这些人也许不能通过语言和情感表达与人建立关系，但通过艺术的方式交流会让他们觉得安全并乐于与人建立关系。

（3）让他们感受到愉悦和乐趣。因为他们在感受正向或负向情感上面都是有困难的，所以就在生活实践中创造体验，比如吃一个好吃的蛋糕，或者一起玩一款游戏。

Q4 他为什么总是那么自恋？

我承认，我是一个自恋的人。在外人看来，我可能是个自信满满、以自我为中心的人，但在内心深处，我经历了一场孤独而无休止的战斗。

从小时候起，我就一直觉得自己与众不同。我相信自己是世界的中心，无所不能。我渴望别人的赞美和崇拜，因为这让我感到自己的存在和价值。

每次夸奖和称赞都像是一剂令我上瘾的药物，我渴望更多，从不满足。

然而，这种自恋并非源于真正的自信和内在的安全感，而是一种自卑和脆弱的掩饰。我拼命地追求外界的认可和赞美，因为我害怕面对自己内心的不安和自我怀疑。我不敢面对自己的缺点和错误，因为那会动摇我所建立起来的自我形象。

这种自恋人格给我带来了许多问题。我与他人的关系常常建立在利用和控制的基础上，而非真正的互相理解和关心。我只看重自己的需求和欲望，而忽视了他人的感受和利益。我不停地追逐权力和地位，追求外在的成功和荣耀，但内心却始终感到空虚和孤独……

这是一个自恋者的内心独白。自恋，我们每个人或多或少都有，也许是在某一方面，或者是在某个人面前。虽然自恋通常被视为一种消极特质，但有研究表明，适度的自恋可能与一些积极的心理特征和行为相关联。

比如，自恋者往往持有高度的自尊和自信。他们相信自己具备出色的能力和魅力，这种自信可以推动他们去追求更高的目标和挑战。自恋者倾向于将困难和挫折解读为外部因素或他人的过错，而不是归因于自己。这种归因方式有助于保护他们的自尊，提高他们的抗挫折能力。他们更容易从失败中恢复过来，继续追求目标。自恋者常常渴望展示自己的卓越能力，通常会表现出较高的自我表达和自我宣传能力。他们更容易在团队中担任领导角色，具备影响和激励他人的能力……

然而，需要注意的是，这些积极的影响仅限于适度自恋的范围内。过度自恋可能导致自大、自负和对他人的漠视，从而损害自我社会功能和他人的利益。

大家是否听过纳齐苏斯的传说。

纳齐苏斯（Narcissus）是一个非常美貌的青年，对自己的美貌极度自恋。根据传说，纳齐苏斯拒绝了许多爱慕者的追求，包括女神厄科。

然而，纳齐苏斯的自恋最终导致了他的悲剧。一天，当他看到自己在水中的倒影时，被自己的美貌迷住。他沉溺于自己的形象中，无法自拔。他一遍又一遍地凝视着自己水中的倒影，甚至无法离开水边，最终因无法满足对自己的爱，形容憔悴而死。

什么是自恋型人格障碍

自恋型人格障碍是一种人格障碍，患者在许多情境下持久地表现出自大、需要他人高度赞赏，以及缺乏对他人情感的共情的特征（陆林，2017）。这种障碍通常会对个体的社交、职业和生活产生负面影响。

自恋型人格障碍患者常常表现出对他人的冷漠、缺乏共情，不能理解和肯定他人的感受和需求。长久下来他们可能会逐渐被身边的人孤立，导致缺乏亲密的友谊和支持网络。在工作环境中，自恋型人格障碍患者通常难以与同事进行正常合作。他们可能会认为自己的意见和方法是唯一正确的，而对他人的意见置之不理或贬低。在亲密关系中，由于缺乏共情和沟通上的困难，自恋型人格障碍患者在家庭中也容易引发各种冲突，导致家庭关系紧张……

长期来看，自恋型人格障碍可能会导致严重的社会功能障碍，患者难以维持长期的稳定关系，甚至基本生活功能也会受到影响，需要我们予以关注。

自恋型人格障碍是一种心理疾病，它影响着人们的个性和行为方式。这种障碍让人们过分看重自己，缺乏对他人的关注和尊重。让我们来了解一下自恋型人格障碍的特征和表现。

自恋型人格障碍者有什么特征

自恋型人格障碍者通常表现出以下特征。

1. 自我中心

自恋型人格障碍者过分关注自己，将自己置于至高无上的地位。他们认为自己是最聪明、最美丽、最有魅力的人，无论是在外貌、成就还是社会地位方面。他们经常吹嘘自己的成就，渴望别人对他们的赞美和崇拜。

2. 缺乏同理心

自恋型人格障碍者往往缺乏对他人感受的关注和理解。他们无法真正理解别人的需求、情感或痛苦，只关注满足自己的欲望和利益。他们可能会对他人的困境漠不关心，甚至产生嘲笑或轻蔑的态度。

3. 傲慢和优越感

自恋型人格障碍者常常表现出傲慢和自大的态度。他们认为自己比他人更重要、更有价值。他们可能对他人的意见和建议不屑一顾，倾向于独断专行和自作主张。他们追求权力和控制，希望在各方面都占据主导地位。

4. 表面魅力

自恋型人格障碍者通常具有出色的表面魅力，他们擅长吸引他人的注意力。他们可能外表迷人、口才出众，能够迅速赢得别人的好感。这种魅力通常只是一种表面现象，背后隐藏着他们的自我中心和利用他人的动机。

自恋型人格障碍对个人和社会都会产生不利影响。在个人层面上，他们可能会经历孤独、不满和内心的空虚感。在社会交往中，他们的自我中心和缺乏同理心可能导致与他人的冲突和关系破裂。

了解自恋型人格障碍的表现特征可以帮助我们更好地理解和应对这种心理障碍。然而，需要明确的是，仅凭一两个表现并不能确诊自恋型人格障碍，还需要专业的心理评估和诊断。

自恋型人格障碍是如何形成的

自恋型人格障碍的产生是一个复杂的过程，是多种因素相互作用的结果。以下是一些可能导致自恋型人格障碍的原因和机制。

1. 家庭环境

早期的家庭环境对个体的发展和人格特征的形成起着重要作用。自恋型人格障碍可能与缺乏父母关爱、父母过度溺爱，或父母将孩子视为工具来满足自己需求的家庭环境有关。这样的环境会导致孩子在成长过程中形成过度依赖和自我中心的态度。

2. 自尊心的缺失

自恋型人格障碍者往往内心存在自尊心的缺失和自卑感。他们可能通过过度夸大自我、寻求外部认可和赞美来弥补这种缺失。这种自卑感可能源于早期的创伤经历、自我价值感的缺乏或对自身不足的过度关注。

3.个体心理防御机制

自恋型人格障碍者可能通过自我保护的心理防御机制来维护自己的自尊心和形象。这些防御机制包括投射、否认、理想化和自大等。他们可能通过将自己的不足和负面情绪投射到他人身上，来保护自己的自尊心和自我形象。

4.社会文化因素

社会流行的价值观和追求表现出众的文化氛围也可能对自恋型人格障碍的形成产生影响。如果社会文化强调个人成就和外部认可的价值，可能导致个体过度追求权力、名誉和成功，并产生自恋型的特质。

需要区分的是，自恋型人格障碍与表演型人格障碍有时会出现共病情况，但它们之间是有区别的。自恋的内核是自卑，这意味着自恋者在内心深处感到不被爱和不被关注，因此他们需要通过夸大自我、追求注意和赞扬来弥补这种内心的缺失。自恋者可能在表面上展示自信，但其实内心深处存在自卑感。

相比之下，表演的内核是盲目自信，表演者相信自己无所不能，总是追求被关注和赞赏。表演者通常没有自恋者那种深层次的自卑感，他们更关注在外界获得的关注和认可。表演者常常将自己塑造成一个特定的形象或角色，以吸引注意力和赞赏。

如何识别身边的自恋者

识别身边的自恋型人格障碍者可能并不容易，因为自恋型人格障碍者通常擅长隐藏他们的真实动机和行为模式。不过，以下的方法或许可以帮你更快地察觉他们的存在。

观察他们的行为模式：自恋型人格障碍者往往表现出自我中心、自大、夸大自己的成就和能力、需要过度的关注和赞扬等行为模式。他们可能会以自我为中心，无视他人的感受和需求，并试图将注意力聚焦在自己身上。

注意他们与他人的互动：自恋型人格障碍者通常缺乏对他人的同理心和关注。他们可能会利用他人为自己的利益服务，并经常以自己为中心展示自己的成就。观察他们与他人的互动方式，是否缺乏尊重、关心和关注他人的情感。

注意他们对批评的反应：自恋型人格障碍者对批评和反对往往非常敏感，并可能表现出攻击性或防御性的反应。他们可能试图通过批评他人来维护自尊心，不能容忍别人对他们的负面评价。

观察他们的人际关系：自恋型人格障碍者可能在人际关系中存在困难，如频繁的冲突、缺乏真诚的情感联系、经常将他人视为工具或附属品等。观察他们与他人的关系是否具有平等、互相支持的特点，是否具有真诚的情感交流。

寻求专业评估：如果你有理由相信身边的人可能患有自恋型人格障碍，建议寻求专业心理评估。心理学专家可以通过面对面的访谈和行为观察来评估个体的人格特征和症状，以确定其是否存在自恋型人格障碍。

如何避免陷入过度自恋

适当的自恋无可厚非，人都有自我服务的倾向，但我们要分清自己是否陷入过度自恋，以至于产生自恋人格倾向。那么，如何避免陷入过度自恋呢？

1.建立真实的自我认知

要学会客观地看待自己，认识自己的优点和缺点。不要过分夸大自己的优势或忽视自己的不足。

2.接受和尊重他人

学会尊重他人的意见和感受，不要总是把自己放在优越的位置上，要理解每个人都有自己的价值和独特之处。

3.学会倾听

倾听他人的意见和反馈，接受建设性的批评和意见。不要总是自我吹嘘或忽略他人的看法。

4.培养谦逊

要保持谦逊的态度，不要总是把自己凌驾于他人之上，要学会欣赏他人的成就和贡献。

5.培养同理心

学会关心他人，理解他人的感受和需求。与他人建立良好的人际关系，不要只关注自己的利益。

6.寻求平衡

要学会平衡自我关注和关注他人之间的关系，不要过分地追求他人的认可和赞赏。

最后，当这种自恋达到病态的程度，对个人和社会都产生了严重的不利影响时，需要寻求专业人士的诊断。治疗自恋型人格障碍是一个复杂而综合的过程，通常需要综合运用心理治疗、药物治疗和支持性治疗等多种方法。

常见的治疗方法

1.心理治疗

认知行为疗法是一种常用的心理治疗方法，可以帮助自恋型人格障碍者认识他们自我中心的思维和行为模式，并帮助他们学习改变这些模式。通过增强他们的自我认知、情绪调节和人际交往技巧，促进更健康的人格发展。

2.支持性治疗

支持性治疗主要通过建立支持性的、理解的和安全的治疗关系，提供情感支持和指导，帮助自恋型人格障碍者处理他们的情绪困扰和人际关系问题。这种治疗方法强调与治疗师的合作和合作关系的建立。

3.药物治疗

药物治疗可能在某些情况下被用来辅助治疗自恋型人格障碍，特别是当伴随有其他心理问题，如抑郁症或焦虑症时。药物可以帮助控制情绪症状，改善心理健康状况，但不能直接治愈人格障碍本身。

4.社会技能训练

自恋型人格障碍者可能缺乏适应社会环境所需的一些基本技能，如合作、同理心和解决冲突等。社会技能训练可以帮助他们学习和发展这些技能，以改善他们的人际交往和适应能力。

5. 群体治疗

参与群体治疗可以让自恋型人格障碍者与其他人分享和交流他们的经历和挑战。群体治疗提供了一种互相支持和学习的环境，可以帮助他们感受他人的理解和共情，并从他人的经验中学习。

治疗自恋型人格障碍是一个长期的过程，每个人的治疗计划可能会因个体的情况而有所不同，因此需要患者的积极参与和专业治疗师的指导。

Q5 他为什么总是情绪不稳定？

小安是一个聪明、有才华且富有创造力的人，但她内心深处却充满了孤独和自我怀疑。她曾为了追求完美而不断努力，但总感觉自己不够好，缺乏安全感。在与他人相处时，因为害怕被别人伤害甚至背叛，她常常表现出冷漠和敌意。

由于自我认知不足和情绪失控，小安经常会做出冲动行为，如喝醉、割腕或吞药。每次这样的行为都让她的家人和朋友倍感焦虑和无助，他们甚至不知道该如何帮助她。

在生活中，情绪波动是一种常见的现象。人们可能会经历各种情绪，包括喜怒哀乐、焦虑紧张等。这种情绪不稳定可能源于外部环境的压力、个人生活的变化、人际关系的挑战，以及内心的困扰。我们应该认识到情绪的波动是正常的，是可以通过一些方法来进行管理的。

首先，关注自己的情绪状态，了解自己容易情绪不稳定的原因，是最重要的一步。其次，倾诉和分享自己的感受，可以找到支持和理解。此外，学习一些情绪管理技巧也很重要，如深呼吸、冥想、放松训练等，这些方法有助于平静内心，稳定情绪。良好的生活方式也对情绪稳定起着积极的影响。保持规律的作息时间、充足的睡眠、均衡的饮食、适度的运动，都有助于提升情绪的稳定性。同时，适度地参加社交活动、拥有自己的兴趣爱好等也有助于稳定情绪。

但需要明确的是，情绪不稳定也可能属于一种心理健康问题，如果情绪问题持续存在或变得严重，建议寻求专业人员的帮助，如边缘型人格障碍的典型症状之一就是情绪不稳定。但需要强调的是，虽然边缘型人格障碍是一种复杂和严重的疾病，但通过专业的治疗和自我努力，仍然可以找到希望，取得治疗上的成功。

边缘型人格障碍是什么

边缘型人格障碍是一种常见且严重的人格障碍。患者通常表现出情绪不稳定、自我形象混乱、人际关系问题和易冲动等症状，这使他们面临高自杀风险。

以下是一名边缘型人格障碍患者内心的自述。

我一直都感到很孤独、空虚和不安，有时会非常渴望与他人建立深度联系，但有时又会对与他人交往感到害怕和回避。我对自己的身份和自我形象也缺乏清晰的认知和稳定的感受。我的情绪非常容易受到外部环境的影响，我可能会因为一件微不足道的小事而陷入绝望和沮丧，也会因为自己的行为或言语而感到强烈的内疚和羞耻。

我经常会陷入到深深的情感危机中，这种情况下我会出现自我伤害的行为，如自残、暴食等，来缓解自己的痛苦和焦虑。当然，这些行为只会让我更加痛苦和困惑。尽管我很希望与他人建立联系，但并不十分信任自己的朋友和家人。我经常去测试他们的忠诚和爱，甚至刻意让他们感到被排斥或被伤害。

总之，我的内心存在着深深的不安和不稳定，这给我的生活带来了极大的困难和挑战。我十分希望能够找到有效的治疗方式，重新建立起自信和稳定的情感状态。

边缘型人格障碍患者的内心世界往往是混乱和不稳定的。他们经常感到自己身处在一个充满敌意的环境中，会表现出强烈的不安全感、恐惧感和孤独感。由于边缘型人格障碍患者很难信任别人，他们容易产生人际交往问题，表现出对安全和亲密关系的渴望，但同时也害怕靠近和依赖他人。

在某些情况下，边缘型人格障碍患者会对自己产生负面评价，觉得自己无用、无价值，缺乏存在的必要性。这些负面的自我评价会影响他们的心理状态，并导致心理崩溃或其他消极行为。另外，边缘型人格障碍患者往往对周围环境非常敏感，他们对于他人的态度非常在意，容易产生过度反应。

必须指出的是，边缘型人格障碍是可以治疗的。经过专业的心理治疗，很多患者的症状会得到显著改善，大多数患者会有所好转，而仅有极少数的患者在康复后复发。因此，我们应该鼓励患者积极面对疾病，接受专业治疗，并对治愈抱有信心。

如何识别边缘型人格障碍

大多数情况下，如果不能识别其症状，也就无法及时采取必要的干预措施。当意识到问题的严重性并开始重视时，对方可能已经错过了最佳的治疗时间，发展成重度的边缘型人格障碍，需要更长时间和更复杂的治疗过程。

因此，了解边缘型人格障碍的常见症状和寻求专业帮助是非常重要的，及早发现和治疗有助于减轻患者的痛苦，提高治疗效果。如果您身边的人出现了以下症状，请不要犹豫，尽快建议其寻求医生或心理医生的帮助。

1. 情绪不稳定

心理学家玛莎·莱恩汉（Marsha Linehan）曾把边缘型人格障碍形容为"没有皮肤的人"，这意味着他们的情感没有保护层，轻微的触碰就会带来巨大的痛苦。大多数边缘型人格障碍患者都存在情感失调问题，表现为极度情绪化，虽然这点和双相情感障碍类似，但它们之间有两个主要的区别：首先，边缘型人格障碍的情感波动周期要短得多，通常每天波动多次；其次，生活事件对边缘型人格障碍的情绪影响更加显著，无论是积极情绪还是消极情绪都会如此。

除了情感波动，边缘型人格障碍的另一个情绪特征是难以控制自己的愤怒，患者很容易被激怒，可能会大喊大叫、摔东西等。他们发怒的对象很多时候都是针对自己而不是针对他人，愤怒背后往往是深深的内疚和羞耻。

2.人际关系不稳定

边缘型人格障碍患者的人际关系通常是混乱的。在他们的眼中，一个人要么是完美无缺的、理想化的，要么是极度不良的、被贬低的，这种思维方式被称作分裂。

这种分裂的根源在于边缘型人格障碍患者对被遗弃的深深恐惧，以至于他们竭力试图阻止别人离开自己，不管是对他人的讨好、感激，还是以暴怒和武力攻击他人，其实都是阻止关系结束或者缓解恐惧的方式。

3.行为不稳定

边缘型人格障碍患者很容易出现危险的冲动行为。研究发现，在敌意、恐惧和悲伤方面，边缘型人格障碍患者的情绪变化更加剧烈。这些极端情绪反应可能会促使他们进行冲动性消费、危险驾驶、过度饮食或药物滥用等行为，以此来缓解他们的情绪痛苦。

同时，边缘型人格障碍患者自杀风险非常高。被诊断后的第一年或第二年通常是个体自杀风险最高的时候。需要引起警惕的是，边缘型人格障碍患者经常性地进行自杀威胁并不表明他们真的想要去死，这是他们表达痛苦的一种方式，也是请求帮助的一种信号。

4.不稳定的自我和认同感

边缘型人格障碍患者普遍存在自我和认同不稳定的问题，他们经常感到对自己缺乏清晰、稳定的认识，并且整个人生的大部分时间都感到很空虚。这种症状会导致他们频繁地改变职业、目标、朋友，甚至可能改变自己的性别。

边缘型人格障碍患者可能会有一种假装的感觉，他们觉得自己在扮演着一个角色，而并不是真实的自己，这种感受可能源自他们年幼时经历的不稳定、被忽视、被虐待的环境，或者是因为他们曾经需要照顾患有心理障碍的父母。

5.认知不稳定

边缘型人格障碍患者在面对压力或苦恼时，往往会体验到强烈的负面思维，如觉得别人想要利用或伤害自己，当遇到较强的刺激时，边缘型人格障碍患者甚至可能出现解离症状，即感觉自己离开了身体，像飘浮在空中，看着自己的身体和周围的环境。

这种认知不稳定通常会在糟糕的时刻发生，在生活顺利时较少出现。边缘型人格障碍由于其不稳定的特点，常常被称为"心理咨询师杀手"。这种称呼在某种程度上会加剧大众对边缘型人格障碍的误解，以及增强患者的病耻感。

实际上，边缘型人格障碍患者的核心表现并不是攻击他人、丧失理智、试图操纵或对情感淡漠。相反，他们内心充满了对爱与关系的渴望。他们只是会试图用一些不稳定的方式来满足自己作为人类最基本的需求。

什么样的人更容易成为边缘型人格障碍

边缘型人格障碍是一种复杂的心理障碍，其发病原因可能与多种因素相互作用有关。

1.家族遗传

边缘型人格障碍可能具有遗传性，研究表明一半左右的边缘型人格障碍是由遗传因素导致的。如果一个人的直系亲属（如父母、兄弟姐妹和子女）中有边缘型人格障碍患者，那么这个人比一般人群更容易患上边缘型人格障碍，其患病风险可能会高出12倍。

2.大脑结构与功能

大量的研究发现，边缘型人格障碍与脑结构和功能异常相关。如下丘脑—垂体—肾上腺轴活性增高、杏仁核功能异常等。神经成像研究发现，边缘型人格障碍患者的杏仁核和海马体相对非边缘型人格障碍患者而言更小，这可能导致他们在调节情绪上面临困难。此外，边缘型人格障碍患者的前额叶皮层活动水平较低，而这个大脑区域对调节情绪反应和控制冲动行为非常重要。

3.童年经历

研究结果表明，大约50%的边缘型人格障碍患者曾遭受过某种形式的童年期性虐待。同时，他们经历的虐待越严重，他们长大后认知不稳定和人际关系不稳定的症状就会越严重。如果虐待者是患者的父母、照料者等，则其影响将更为深刻。

4.依恋类型

研究表明，边缘型人格障碍患者通常没有形成安全型依恋关系，他们常常用冷漠、控制、不合理等消极的词语描述他们的父母。

5.不良生活事件的强化

边缘型人格障碍的患者常常感觉自己的生活中总是会出现各种各样的麻烦，其中与周围的人发生冲突最为常见。当这些危机事件发生时，边缘型人格障碍患者几乎没有任何支持性资源可以使用。

因此，他们只能选择酗酒、暴饮暴食、危险驾驶甚至自我伤害等方式来逃避痛苦，并在短时间内获得暂时的舒适感，而这些行为的有效性又进一步强化了患者的冲动行为。这种负向循环维持和加重了边缘型人格障碍的症状。

6.心理因素

个体的自我形象、感知偏差、认知歪曲等心理因素也会对边缘型人格障碍的形成和发展起到很大作用。例如，患者可能过度关注他人对自己的看法，认为自己不被接受或不被爱护，从而产生强烈的空虚和孤独感，从而导致冲动行为的出现。

7.环境因素

社会环境中的负性事件、文化习俗等也可能影响边缘型人格障碍的发生和发展。

如何预防和治疗边缘型人格障碍

1.预防方法

预防边缘型人格障碍需要从多方面入手，主要包括以下几个方面。

（1）提前发现并治疗其他心理问题或精神疾病：许多心理问题和精神疾病都与之有关。因此，及早发现这些疾病并进行治疗，可以减少边缘型人格障碍发生的概率。

（2）建立安全稳定的人际关系和支持体系：建立稳定、健康、支持性的人际关系，包括家庭、朋友和社交网络等，可以为个体提供支持和帮助，减少压力和挫折感，从而预防边缘型人格障碍的发生。

（3）学会有效应对压力：压力是导致边缘型人格障碍发生的一个重要因素。学会应对压力的方法，如进行锻炼、冥想、瑜伽等，可以有效预防边缘型人格障碍的发生。

（4）学会情绪调节技巧：学习情绪调节技巧，如表达自己的感受、聊天、写日记和放松练习等，可以帮助个体更好地管理情绪，避免情绪紊乱引发的问题。

（5）处理个人心理问题：与边缘型人格障碍有关的许多问题都源于个人心理问题。处理个人心理问题，如焦虑、压力和情绪问题，可以预防边缘型人格障碍的发生。

需要注意的是，预防边缘型人格障碍需要关注到多方面因素，建议在专业医生的指导下进行预防性干预。针对已经患有边缘型人格障碍的患者，除了需要注意以上因素，还需要尝试通过以下方法进行治疗，如果严重到了一定程度，请一定要去精神科医院寻求医生的治疗。

2. 治疗方法

（1）心理治疗：心理治疗是治疗边缘型人格障碍的主要方法之一。认知行为疗法、方案疗法、情绪焦点治疗，以及心理动力治疗都可以用于治疗边缘型人格障碍。心理治疗的目的是帮助患者控制自己的情绪，提高自我意识和自我管理能力，改变消极的想法和行为模式。

（2）药物治疗：药物治疗主要用于缓解边缘型人格障碍的一些症状，如抑郁、焦虑、愤怒等。抗抑郁药、抗精神病药、镇静剂和抗焦虑药等常被医生用于治疗边缘型人格障碍。

（3）身体治疗：身体治疗方法包括针灸和按摩等，可以帮助患者缓解焦虑、疼痛和失眠等症状。

需要注意的是，治疗边缘型人格障碍需要综合考虑患者的具体情况，医生需要根据患者的症状、年龄和身体状况等选择最适合的治疗方案。此外，家庭成员和朋友的支持也是治疗过程中不可或缺的一部分，他们可以提供情感支持、帮助患者管理情绪、培养健康的生活习惯，从而促进患者康复。

如果你身边存在边缘型人格障碍患者，首先需要向其明确的是，这并不是他本身的问题，而是一种障碍状况。虽然这种障碍可能会影响他的生活，但并不意味着他没有希望或无法改变。此外，许多边缘型人格障碍患者可以通过治疗和积极的自我管理措施取得显著的改善。治疗过程可能会遇到挑战，但只要配合医生的建议并持续努力，就一定能够逐渐恢复健康的状态。最重要的是需要保持积极的态度和信心，相信自己是可以克服这个障碍并恢复健康的。无论治疗进展如何，都要记得保持耐心和坚强，相信自己最终一定能够摆脱这种病症的困扰。

职场篇：形形色色的人际场

Q1 生活一塌糊涂，没有任何目标怎么办？

为什么我感觉我每天总是浑浑噩噩地度过？我也很想努力生活啊！

我尝试过给自己制定一个小目标，然后坚持完成它，可是我最多只能坚持一个星期，一个星期之后我就找不到任何坚持下去的意义了。

可是我原来不是这样的，大学时我保持了四年每天写日记的习惯，现在为什么……

哎……我甚至连之前的爱好都不能坚持了。

两个公司都把我辞退了，他们说我没有责任心，说我根本无法做好工作，我真的觉得很痛苦，我好希望我现在已经是死掉的状态了啊。

医生啊……我到底是怎么了？帮帮我吧！

这是一个患者的倾诉，她表示自己无法集中注意力做事，无法坚持日常的工作。她找不到任何目标，也没有任何动力，她感觉自己的生活浑浑噩噩、一塌糊涂。医生最终给她诊断为抑郁发作。她描述的所有症状中，被提及次数最多的为意志减退。那意志减退究竟有何表现？原因又是什么呢？

什么是意志减退

意志减退是指一个人在意志力和决断力方面的减退或削弱。它是一种心理症状，常常表现为缺乏动力、决策困难、注意力不集中、行动迟缓、兴趣减退和自我激励能力下降等。

意志减退是由多种因素导致的，精神疾病、躯体疾病、药物副作用、长期压力及情绪问题都可能导致意志减退的发生。一些精神疾病，如抑郁症、精神分裂症和阿尔茨海默病等，常伴随意志减退的症状。长期出现意志减退会对个人的生活和工作产生负面影响，可能导致完成日常任务困难、学习和工作效率下降，以及社交和人际关系的问题。意志减退的人可能感到沮丧、无助或失去对生活的兴趣。

意志减退会出现在哪些疾病中

意志减退是一种非特定性的症状，不能作为一种独立的疾病诊断。它可以出现在很多情况下，以下是一些常见的疾病和情况。

1. 抑郁症

抑郁症是一种常见的精神疾病，患者常常表现出意志减退、兴趣缺乏、决策困难和动力不足等症状。

2. 精神分裂症

精神分裂症是一种严重的精神疾病，患者可能出现意志减退、注意力不集中、决策困难和行动迟缓等症状。

3. 阿尔茨海默病

阿尔茨海默病是一种进行性神经系统退化疾病，患者在疾病发展过程中常常出现认知和行为方面的问题,包括意志减退。

4.躯体疾病

某些躯体疾病如甲状腺功能减退、慢性疼痛、慢性疲劳综合征等可能导致意志减退的表现。

5.药物副作用

某些药物的副作用,尤其是抗精神病药物和某些抗抑郁药物,可能引起意志减退的症状。

此外,长期的精神压力、焦虑症、睡眠障碍等也可能导致意志减退的出现。

发现自己出现了意志减退怎么办

1.近期事件导致意志减退

当感到自己的意志力正在逐渐减退,像一盏熄灭的蜡烛,失去了光芒,我们先不必着急怀疑自己是否患病,而是先回忆一下是不是最近工作或学习压力大、任务难度过大、服用药物等因素导致的。如果意志减退是上述情况导致的,我们可以尝试采取如下办法。

(1)寻求专业帮助:咨询心理健康专家或医生,他们可以对你的症状进行评估和诊断,并制定适合你的治疗方案。

(2)接受心理治疗:心理治疗可以帮助你了解和处理潜在的心理问题,提高自我认知和调适能力。认知行为疗法、解决问题疗法和心理教育等都可以作为治疗意志减退的选择。

(3)遵循医生的建议:如果医生建议你进行药物治疗,遵循医嘱并定期复诊。药物可以在必要时改善症状，但必须在医生的监督下使用。

2. 其他原因导致的意志减退

如果导致意志减退的并非上述原因，我们可以尝试以下办法。

（1）调整生活方式：建立规律的作息时间，保持足够的睡眠和休息，合理安排工作和休闲时间，保持适度的运动和饮食，这些都有助于提升心理和身体的健康状况。

（2）寻求支持和理解：与家人、朋友或支持团体交流，寻求他们的支持和理解。他们的支持可以帮助自己度过困难时期，增强自信和意志力。

（3）注意情绪管理：学会有效的情绪管理技巧，如深呼吸、放松训练、冥想和艺术创作等，可以帮助减轻焦虑和压力，提升心理健康状态。

不管意志减退是什么原因导致的，最重要的是，不要独自承受和忍受这种状况，及时寻求家人、朋友甚至专业人士的帮助是关键。朋友和家人可以提供支持，专业的医生和心理健康专家可以进行指导和适当的治疗，帮助我们度过困难时期，恢复意志力和提高生活质量。

为什么我并未患有任何疾病，还是无法找到目标

其实生活中大部分人出现意志减退、感到没有目标都并非病理性的，可能只是因为自己成长过程中出现了些许迷茫与困惑。在这种情况下，我们可以尝试进行自我反思，花一些时间来审视自己的价值观、兴趣与爱好究竟在何处。我们可以尝试问自己，我真正重视什么？什么事情会

让我觉得有意义？我们也可以尝试探索新领域，在新的领域发掘自己的兴趣与目标。我们可以将大目标分解为一些小的、可以量化的目标，然后逐步朝着这些目标迈进。一个个小目标的达成所带来的成就感和动力，可以帮助我们重新找到人生的意义。

写在最后

精神分析和心理咨询领域的专家黄恺老师在对他的访谈中说，找到自己热爱的事情并坚持下去，最终实现人生理想，这不是一件容易的事情，也无法做到一蹴而就。找到目标或人生意义是一个持续的过程，需要耐心和坚持，也需要全面辩证地审视自己的现状，适当调整对自己的期待和要求，努力克制自己的不良习惯和惰性，并争取得到家人、朋友的理解和支持。在此过程中，我们要始终保持积极的心态，相信自己的能力，并伸出双臂，努力去接受一些新鲜的事物。随着时间的推移，会发现自己重燃了学习的热情，再加上积极进取、永不放弃的劲头，我们一定会找到属于自己的目标和人生意义。

Q2 他为什么总是找我茬？

露西是一家知名企业的中层管理者，她的部门同事对她的评价非常两极化。一些人认为露西在工作中表现出色，果敢且富有领导力；另一些人则觉得露西野心勃勃，手段狠辣，经常无视他人感受。

露西所在公司近期宣布即将提拔一位中层管理者到高级职位。露西知道这是她升迁的绝佳机会，她也意识到，她的同事马克和她一样，都是晋升的有力竞争者。露西经常在会议中打断他人发言，甚至与马克展开直接对抗，以体现她想要成为领导者的决心。在某次项目交流会上，露西突然指责马克领导的项目团队效率低下，这一点此前从未有人提出过。这种敌意和不负责任的态度让其他同事感到非常不适。

因为露西的胆识，以及项目投资中的成功，她被公司提升为高级职位。但是马克及其他同事感觉被边缘化，整个团队的士气和效率都受到了影响。

我们身边可能有这样的人，他们冷血、傲慢、狡猾，让人本能地排斥，并想要逃离。跟这样的人在一起，会愤怒、怨恨甚至恐惧，会产生抑郁与焦虑情绪，工作时注意力无法集中，对自我产生负面评价……

那么，他们可能就是精神病态人格。他们因其恶意特质而"当选"成为"黑暗人格"之一。黑暗三人格指的是自恋、马基雅维利主义和精神病态的人格特征（Paulhus & Williams，2002）。

根据美国劳尔·巴比亚克（Raul Babiak）博士的研究，每100个人中，就有一个人有精神病态的症状，多数精神病态的产生来自基因遗传，并且这种症状的出现率会随社会体系而改变。例如在办公体系的高级阶层中，平均每25人就有一人符合精神病态症状。在职场中他们更擅长利用心理控制和情绪暴力来控制他人，不择手段地达到自己的目的，因此更容易成为管理层；反过来，身居高位的人，拥有更多的权力和追捧，这催化了他们的欲望，使得他们的自我中心膨胀，渴望更多的力量。所以，要警惕这些精神病态者的心理控制，保持自己独立的判断。

为什么会有披着天使面孔的恶魔

精神病态是情感麻木、犬儒主义倾向的表现，对伦理和社会风俗持彻底不信任的态度，表现出精心追求自我利益的特点。典型的特征包括冲动行为、追求刺激、缺乏共情能力、责任感不足和缺乏焦虑。这些特征通常表现为持续的情绪和人际关系偏差。他们可能难以控制自己的冲动，早年就表现出反社会行为、缺乏共情能力、内疚和悔恨，因此无法建立稳定的人际关系。他们可能会偷窃、频繁说谎，并对他人、社会规范甚至法律法规缺乏尊重。

帕特里克（Patrick）认为，精神病态有三个核心表现（2009）：一是去抑制，抑制的缺乏表现为冲动行为、缺乏计划性、敌对态度和不负责任等特征；二是卑劣，指的是毫无顾忌地伤害他人感情，掠夺资源的攻击性行为，展现出一种毫无约束的个性；三是胆大妄为，主要指的是超越社会常规的支配性、情感恢复力和冒险性。

在职场中，他们为达目的不择手段，即使是对亲密的伙伴、共事的战友也能够冷酷无情。他们与不同的人交谈时，会因人而异地选择交往策略。例如，面对上级时，他们极力阿谀奉承以获取青睐；为了获得上级的认可，他们可能会谎报功劳和夸大自身成就。面对下级则可能表现出情绪上的施压，使用强硬和攻击性的社交手段来提升自身地位。

TA 具有什么特征

精神病态是一种严重的发展障碍，其特点是明显的情绪功能障碍和攻击性增加的风险。精神病态被黑尔（Hare）划分为3种类型（2007）：原发型精神病态、继发型精神病态和社交不良型精神病态。

1. TA是接近于冷血无情的"怪兽"

首先，一般说到精神病态，是指原发型精神病态，即存在神经生理异常，其核心特质是无恐惧、冷酷、缺乏道德良知。艾西维丁教授在孩童身上进行了广泛的研究。通常情况下，人们可以轻松地理解彼此的情绪，即使是很小的孩童也能够识别自己和他人的基本情绪。这些情绪会提供有关如何采取适当行为的线索，比如，当一个人感到害怕时，提示当前的情境或是人是危险的，令人不舒适的，应当采取一些自我保护的行为。而那些由于自身缺少某些情绪而表现得冷漠、缺乏同理心的孩子很难在别人身上识别这些情绪，并且有研究表示这种特质可能会持续到成年期。

精神疾病是否是与生俱来的？基因因素可能对情感缺失造成影响，但环境影响也不容小觑。乌塔·弗莱斯（Uta Frith）教授的研究指出，精神病态的犯人在童年时期都遭遇过一定程度的创伤。这就涉及精神病态的后两种类型，继发型精神病态和社交不良型精神病态。继发型精神病态通常伴随有强烈的焦虑感和难以抑制的冲动，在个体遭受深度情绪挫折或内在矛盾之后，倾向采取暴力或反社会行为。社交不良型精神病态多由成长过程中的不利社会环境造成，例如缺乏有效的家庭教育或生活在一个负面的社会文化背景下。

2. TA的大脑已被改写

肯特·契尔（Kent Kiehl）博士研究扫描了美国2个州8个监狱的将

近5000名囚犯的大脑。他发现，相较其他暴力犯罪的犯人，精神病态者的脑部结构和功能截然不同。精神病态测评得高分的犯罪者，边缘系统灰质较少。同时他也发现，他们的边缘系统回路的反应较迟钝，较不活跃。

在核磁共振和功能性磁共振成像研究中确实观察到的杏仁核、腹内侧前额叶（目前仅在青少年样本的研究中）和纹状体的功能障碍，解释了精神病态者在成长的过程中表现出对恐惧和悲伤情绪的不敏感，继而情感淡漠，缺乏同理心。

3. TA一定会隐藏好，然后牢牢控制住你

在精神病态人格的测评中发现，这些人在社会中担任领导和有影响力的职位。他们往往拥有和睦的家庭或长期稳定的关系，他们总会把内心隐藏得很好，并让身边的人无从察觉。

如何识别精神病态人格

我们有必要通过以下精神病态人格的13大特征，更好地识别精神病态人格，警惕并远离组织和生活中的危险因素，以维护自己和组织内的心理安全。

1.缺少同理心

精神病态者通常不能体会大多数人的情感。有时他们可能会向你表达同情，但那很可能仅仅是因为想要取悦你，并不是发自内心为你感到悲伤。

2.操纵他人

精神病态者十分善于操纵他人，他们为了自己的利益，利用骗局

来引导他人思考、相信，或产生特定的行为，并且不会考虑他人的感受。

3. 不负责任

行为冲动且不计后果。精神病态者从不会承认自己有错，他们倾向把过错归咎于指出他们有错的人，这种行为会使对方陷入自我怀疑。

4. 病理性的自我中心主义

他们夸大自我形象，表现出病理性的自我中心，认为全世界都是围着他们转的。

5. 病态性撒谎

精神病态者非常擅长撒谎，他们频繁地利用各种谎言来获取利益，且往往都能够达成目的。他们在撒谎时通常镇定自若，事后也能与他人重新建立关系。

6. 肤浅的魅力

他们非常擅长伪装自己，展现自己有魅力和吸引力的一面。即使内心再不屑，他们也会维持表面的客气。他们好像从不会感到尴尬，在任何场景都能够自信从容。

7. 缺乏后悔和羞耻心

精神病态者不会为自己对他人造成的伤害而感到悔恨。他们虽然有时会在口头上表达悔过，却仍会坚持自己的行为。

8. 容易感到无聊

精神病态者总是无止境地感到无聊，他们寻求刺激和紧张，以满足过量的肾上腺素引起的精神需求。

9.欺负弱小

精神病态者通常会欺凌那些不会给他们带来利益的人，他们喜欢在脆弱的人或物面前彰显自己的权力，同时他们也可能会用语言伤害别人。

10.渴望力量

他们对彰显权力和掌控别人有着执着的需求，一切事情必须按照他们的需求而发展。

11.判断力差，不能从经验中汲取教训

他们利用一切机会达到想要的目标，但不能从过去经验中吸取教训并改变自己的行为。

12.不能处理好人际关系

对别人的善意和信任不能表示感激和忠诚；不关心他人，并且不能帮助家庭成员。

13.性生活轻浮、紊乱

处理性关系比较随意。

如果你（或你身边的人）符合其中的几条，并不能说明你就是"精神病态者"，不要轻易给自己和他人贴标签。

❥ 快跑！奋力求助，摆脱泥潭

当你发现自己已经处于一段危险的关系中，与拥有精神病态人格的人走得很近，该怎么做呢？

正如霍克梅尔（Hokemeyer）所说，具有黑暗三人格的人随着年龄

的增长不可能有太大的变化，所以你可能不得不为这段关系画上一个明确的句号。如果你需要中止这样的关系，向那些真正支持你的人寻求帮助，可以尝试以下做法。

1. 理解、关心自己

长期被精神病态人格的人操纵，自己会变得敏感、脆弱，自尊水平降低，注意力无法集中，工作也不能顺利完成。这时很容易产生自我怀疑、自我否定，觉得"自己怎么这么没用"……有这样的感受和行为改变都是正常的，自己是被精神操控了，不是本身如此。

2. 保持多元的社会支持

保持生活中的其他社会支持来源，例如其他亲密的朋友、家人或值得信赖的团体，可以与他们多沟通，诉说自己的想法，寻求支持，不要让自己被孤立。

3. 不要过度暴露

请避免与对方讨论个人生活或私人感受，因为他们可能会有意识地试图获取这些信息来干涉你的个人生活，并进一步操纵你。在工作中设立明确的边界非常重要，当你能够将工作和个人生活的界限划分清楚时，你可能会更少受到施暴者的操纵。

4. 收集证据，诉诸法律

必要的时候借助法律来保护自己的权益。保存与他们往来的所有邮件、纸质资料、聊天记录作为证据。

5. 求助心理专业人员

如果你无法看清自己的内心，可以通过心理咨询、团体辅导等方式梳理自己的思路，建立自信，提升社会支持，更好地应对不利的影响。

最后，当你想要逃离精神病态者的时候，千万不要犹豫！不要被他们的假意忏悔、故意示弱所动摇；也不要以为自己能够改变、救赎他们，稍不注意就有可能被他们重新拖入控制的深渊。这时，当局者是很难跳出来的，因此，一定要保持警惕和坚定，相信自己的直觉，并且积极寻求帮助，果断做出决定，迅速采取行动，远离他们（部分资料来源：纪录片《What Makes A Psychopath》，BBC earth.）!

Q3 他为什么总是大惊小怪、装腔作势？

小美是学校中的风云人物，大家都认识她。她是个活泼可爱的小美女，非常积极地参与各种社团活动，既是合唱队的成员，也是啦啦队的伴舞。在校艺术节上，她一个人参与表演了三四个节目。小美的异性朋友也很多，几乎每天都在约会。在学校各种社交活动中，她都要成为人们关注的中心，如果别人不谈论与她相关的事，她就会兴致缺缺，心不在焉，并且会想方设法把话题重新引向自己。大学单纯包容的环境令小美度过了一段快乐的时光，步入工作后，她开始感受到生活的痛苦。

在公司里，小美依然希望获得人们的关注，每天打扮得非常出众，她渴望成为人群中的焦点，并活跃在公司的每个角落。不过这次她未能如愿。她很快就被领导点名批评，同事也很少围绕着她、谈论她，反而开始对她指指点点，说她大惊小怪、装腔作势。小美陷入了情绪的漩涡，一会儿感觉到非常愤怒，别人怎么能这样对待自己呢？她想要报复！一会儿又感觉到悲伤无助，忍不住哭泣，自己活着有什么价值呢？

这让她开始流连于夜店，以寻求关注。她还开始酗酒，难过时甚至想要自伤。

表演型人格障碍是精神障碍中常见的疾病类型，以过分情绪化和追求他人关注为主要特点。由于其"常见"和"普通"的特点，这种疾病在生活中不易识别。我们通常无法意识到身边一个总是大惊小怪的人可能是潜在的表演型人格障碍患者。学习相关知识能够让我们更加了解他人的行为，并让我们有机会在表演型人格障碍患者患病的早期阶段进行干预，为潜在的患者提供帮助。

如何识别表演型人格障碍

表演型人格障碍是一种关于个性特征和行为模式的人格障碍，这种人格障碍通常开始于成年早期，并持续至成年，表现为对自我呈现和引起他人注意的强烈需求，并倾向于过度夸张、剧情化和戏剧化的行为。我们需要留心关注，加以识别。

表演型人格障碍有哪些常见特征

1.在自己不能成为他人关注的中心时感到不舒服

患者强烈需要引起他人的注意和赞赏，渴望成为关注的焦点，他们表现出过度的外向性，极力寻求他人的赞赏和认可，并持续要求成为关注的中心。

2.与他人交往时带有不恰当的性诱惑或挑逗行为

患者的衣着或言行举止带有性诱惑或挑逗行为。这种情况不仅表现在浪漫关系中，也发生在普遍社交情境甚至严肃场合下。

3. 情绪表达变换迅速而肤浅

患者可能会经常表现出情绪起伏和情感表达的不稳定性。他们的情绪会迅速改变，并对细微的情感刺激做出过度反应，情绪感受和表达过于肤浅。

4. 总是利用身体外表吸引他人对自己的注意

患者会花费大量的时间、精力及金钱打扮自己、维持自己身体外表的"夺目"，过度关注外表给他人留下的印象，追求他人对自己外表的赞美，而其形象风格可能过于夸张甚至偏离主流审美。

5. 言语风格令人印象深刻及缺乏细节

患者语言风格夸张，他们戏剧性地表达强烈的见解，用夸张的语言吸引大家的关注，但谈话内容过分夸大，缺乏逻辑，观点缺乏事实和细节的支持。

6. 自我戏剧化、舞台化或夸张的情绪表达

患者会采取引人注目的行为、制造戏剧性场景等来获取关注，比如热情拥抱一个刚认识的人。这可能导致他人的尴尬，而患者本身浑然不觉。

7. 易受暗示（容易被他人或环境所影响）

患者的观点和情感容易受他人和外界环境的影响，相信直觉，并且容易轻信他人，尤其是更强大的权威人物。他们相信权威人物会解决他们的问题。

8. 认为与他人的关系比实际上的更为亲密

患者不能正确判断两个人的关系，常常认为与其他人的关系比实际上的更为亲密，会把刚刚认识的人当作亲密的朋友，使用非常熟稔亲昵的称呼等。

表演型人格障碍如何诊断

根据DSM-5的诊断标准，存在以上5项（或更多）症状即可被诊断为表演型人格障碍。人格伴随人的成长不断发展，表演型人格障碍通常要到18岁以后才会被诊断出来。因此在青少年的发展过程中，家长、老师更需要积极关注孩子的人格发展和心理健康，及时发现孩子的行为表现是否存在以上异常，加强引导，及时就医，干预异常行为，避免孩子的心理问题或行为异常持续发展。

表演型人格障碍会带来哪些困扰

以上特征和行为可能会给患者在某些社交环境中带来一定优势，但更多的是给患者的生活带来困扰和麻烦。

1. 表演型人格障碍不易察觉

表演型人格障碍寻求关注、好出风头的特征和行为可能会让患者更容易展现自己，尤其当患者具有某种才华或美貌时，炫耀自身才华或优势更易获得大家的赞扬。在这种患者内心被关注的需要得到满足的情况下，表演型人格障碍的其他缺点和负面影响更不易被觉察和发现，也无法及时就医治疗改善，为患者日后的生活埋下了隐患。

2. 高度自我中心影响人际关系

患者高度自我中心，在人际交往中只考虑自己的需求，自我认知感膨胀，在他人不能满足自己要求时有可能产生攻击倾向。这会对他们的人际关系和生活造成严重影响。他人与患者深入接触后往往难以接受患者的自我中心。这一特质导致患者几乎无法发展长期稳定的社会关系，没有爱人、朋友，人际关系功能失调，影响社会适应（王彦海、陈海燕、李红政，2015）。

3. 情绪激动易自残

患者情绪易激动，冲动控制能力差，情绪反应有问题。患者通常非常依赖他人的评价和反馈，他们需要通过外部赞赏来维持自己的自尊和情感满足感。在人际关系受挫折或应激的情况下，易产生具表演性的自残行为甚至自杀（席梅红，2011）。

4. 认知方式浅薄散漫

患者不愿深入思考问题，不愿完成复杂任务，他们缺乏耐心，只关注表面，并且下意识地回避冲突和复杂情境。这种认知方式导致患者缺乏自省、认识肤浅。危害患者的自我认识、人际关系，也影响患者的工作表现，导致患者难以适应社会。

5. 亲密关系容易破裂

患者通常过早将与异性间的关系视为亲密关系，这种特质可能使其在亲密关系中受挫。寻求关注、轻佻的特质也导致表演型人格障碍患者在亲密关系中有更多的不满，也更容易发生婚外情等不忠行为（王彦海、陈海燕、李红政，2015）。

6. 易产生性行为障碍

患者在亲密关系中期待得到伴侣的时刻关注，如果伴侣不回应，可能会进行胁迫。与普通人相比，患者表现出更多的性关注，同时也出现了更多的性高潮功能障碍。也就是说他们虽然更关注性行为，但是却更少在性行为中得到满足。

表演型人格障碍产生有哪些原因

表演型人格障碍影响了患者生活的方方面面，想要帮助患者进行改善和治疗，需要了解疾病的成因。综合前人的研究成果，一般认为表演型人格障碍的形成、发展与以下几个方面有关。

1. 生物遗传因素

遗传因素在表演型人格障碍的发展中发挥重要的作用，研究表明，表演型人格障碍患者的情绪化、易激动等特质与大脑内部结构发展异常有关，患者与常人相比更容易感受到兴奋和刺激。通常认为遗传奠定了该疾病的生物学基础。

2. 环境因素

表演型人格障碍可能与童年家庭环境有关。过分的宠溺、高压的家庭环境，以及早期被虐待、被忽视等创伤经历都会对孩子的心理产生负面影响（王彦海、陈海燕、李红政，2015），导致人格发展的不完善。同时表演型人格障碍的非正常行为也可能是习得的，通过逐步的强化形成。在孩子发展的关键期，父母未能给予孩子无条件的爱，孩子只有做了引人注目的事情才能得到关注，导致孩子出现情绪紊乱，发展为表演型人格（曾瑞云，2014）。

3. 共病因素

表演型人格障碍的发展还与其他心理疾病发展进程有关。研究表明，人格障碍与其他心理疾病的共病率为40%～50%，也就是说人格障碍患者有约50%的概率同时患有其他心理疾病，如重度抑郁、进食障碍等。共病形成的原因比较复杂，且不同疾病之间会相互影响、相互促进（赵晓瑾、陈海燕、李红政，2015）。

表演型人格障碍如何治疗

表演型人格障碍不仅严重影响患者的生活，也会给他人带来困扰，及早发现，及早治疗才能够带来改善，减少伤害。

1. 危险行为干预

表演型人格障碍患者情绪变化快，容易有过激反应和自伤、自杀倾向。当其表现出这类激动行为时应接受全面的心理评估，及时住院治疗，并对自杀行为进行积极干预。有明显自杀倾向和曾有过自杀行为的患者需要医护人员和家属共同努力，加强巡视与监管，并开展其他治疗。

2. 药物治疗

伴有其他明显精神症状的表演型人格障碍可以通过药物治疗得到改善。药物治疗尽管无法改变人格结构，但可以对某些症状进行缓解和改善，如亢奋、抑郁、攻击倾向等。

3. 心理治疗

（1）心理动力学疗法。心理动力学疗法被证明是治疗表演型人格障碍患者的有效方法。它通过解决患者潜在的、无意识的冲突，使患者更好地了解自己的行为；鼓励患者使用更具适应性的行为动作，以更健康的方式培养患者的自尊，改变患者功能失调的人格。

（2）认知行为疗法。认知行为疗法同样可以帮助患者认识到自己的思维模式和行为习惯，使其认识到过度寻求关注的行为是不适当的，并通过改变这些负面的思维和行为模式来改善情绪和关系问题，提供更健康的应对机制。

虽然表演型人格障碍无法治愈，但许多患有表演型人格障碍的人都可以过上更有适应性的生活。治疗表演型人格障碍的过程中需要保持耐心，每个人的情况都是独特的，治疗计划应根据个体的需求和目标进行定制。

面对表演型人格障碍，我们应该如何应对

表演型人格障碍的患病率为2%~3%，我们每个人都可能遇到表演型人格障碍患者。而患有这种人格障碍的人通常难以察觉自身的问题，他们的价值观和行为表现是一致的。缺乏自我洞察可能会导致他们对这种人格障碍的认识不足。他们的行为模式会严重干扰人际关系和工作表现。因此他人的帮助与提醒对表演型人格障碍患者来说十分重要。

1.如果您怀疑自己是患者

如果您是潜在患者，寻求专业帮助和治疗是至关重要的。参与治疗的患者往往会获得更好的效果，能够建立对自身的了解，并在社交和职业方面发挥积极的功能，过上更加有序的生活，免受疾病对生活的过分干扰。

做出这个决定是困难并需要勇气的，应当积极寻求亲人、朋友及心理热线的帮助和鼓励，勇敢迈出这一步。

2.如果您的身边存在表演型人格障碍患者

（1）建立理解和同理心：了解表演型人格障碍的特征和困扰，尝试理解他们过度关注外貌和表演行为的动机，而不是简单地批评或指责他们的行为。

（2）提供支持和鼓励：表演型人格障碍的人常常渴望关注和认同。通过给予关注和积极反馈，可以帮助患者面对困难和压力并建立自尊心和自我价值感。鼓励他们寻求心理治疗，并表达对他们的支持。

（3）重塑价值观：如果您与患者关系亲近，并做到了支持与理解，得到了患者的信任，建议您逐步帮助患者建立正确的价值观和人生观，使其了解社会适应的要求，努力提高患者对自身行为的认识，改变其行为状态。

（4）保持适度的界限：在与患者交往时，保持适度的界限和清晰的沟通。避免被卷入他们的表演行为或过度需求之中，同时也要尊重他们的感受和需求。

（5）自我保护和自我关怀：表演型人格障碍的人可能会对他人产生情感和心理压力，甚至会伤害别人。在与患者交往时，确保自己的界限和个人健康不受损害，同时也要关注自己的情绪和需要。

（6）鼓励就医：鼓励患者进行全面的心理评估，接受专业的心理干预与治疗是非常重要的。陪伴患者就医或推荐可信赖的心理保健专家或组织，以便他们得到适当的治疗和指导。

表演型人格障碍是复杂的，患者可能同时经历其他心理问题，如抑郁、焦虑等。我们要意识到，每个人都有不同的个性和心理特点，人格障碍并不意味着一个人无法改变或低人一等。我们每个人迈出的一小步都有助于促进社会对心理健康问题的理解和宽容，减少对人格障碍的歧视和偏见。希望每个人都能够更加了解心理健康问题的复杂性，每个患者都能获得理解、支持和适当的治疗。

Q4 他怎么总是怀疑别人想要害他？

小王是一家公司的老员工，从入职以来，他在工作中一直表现出色，但最近他总是怀疑有人要害他。同事热心地与他分享食物，他却怀疑同事是不是在食物里面下毒了。走在大马路上，听见旁边的两个陌生人在哈哈大笑，他觉得这两个人是在笑话自己。在上班时间，同事为了保持办公室的安静，彼此交流都是压低声音的，小王却觉得，同事都在议论他，想要排挤他。就连在家中，外面有快递小哥敲门投送快递，他都觉得是有人来追杀他，不敢开门。这些想法占据了他的头脑，让他生活在极度的不安和恐惧之中。很快，小王无法集中注意力，工作效率也开始下降。他变得疑神疑鬼，对同事产生了不信任感，甚至开始疏远他们。在家里，他经常检查食物和饮水是否被人下毒，为自己的安全感到担忧。为了寻求帮助，小王决定去医院就医。经过医生的细致观察和详细访谈，小王被诊断为妄想性精神病。

存在被害妄想的患者坚信自己是别人陷害、攻击、诽谤或者阴谋的对象，即使他并没有确凿的证据来支持这些信念。这种妄想可能是偏执性人格障碍、精神分裂症、抑郁症或其他精神健康问题的表现。小王的被害妄想不可避免地会影响到他自身的工作效率和在职场中的人际关系，甚至会招致他人的排斥和误解。

什么是被害妄想

被害妄想是一种心理症状，指个体对自己被他人密谋、迫害、陷害或恶意对待的持续的错误信念。被害妄想的人坚信自己处于危险之中或受到威胁，尽管没有明确的证据支持这种信念。这种妄想可能会涉及陌生人、亲近的人或者整个社会。被害妄想常常导致个体感到极度的恐惧、紧张和困扰，并可能对其日常生活、社交关系和学习工作产生负面影响。

被害妄想通常是精神疾病的一部分，如妄想性精神病、精神分裂症和偏执性精神病等。这种妄想是对外界现实情况的严重误解，不受他人的否定、反驳或证据的影响。患有被害妄想的人往往感到被追踪、监视、窃听或被恶意伤害，他们始终对周围的人和环境充满了猜疑和敌意。

妄想和幻想有什么区别

妄想是指个体坚信错误或不合理的信念或观念，无论外界的事实和证据如何证明都不能改变这种信念。这些妄想通常与个人的情感和体验密切相关，可能涉及被迫害、被追踪、被控制、自大、嫉妒等内容。

与妄想相比，幻想是指个体在想象中创造出一系列虚构的情境、人物或事件，通常与现实不符，无法通过感官感知到。幻想是一种主观的体验，可能源于个人的创造力、欲望、愿望或逃避现实的需要。

区分妄想和幻想的关键在于现实性和可证实性。妄想是个体坚信的错误观念，无论外界事实如何，个体都无法改变其信念。而幻想是个体创造的虚构情境，通常被认为是不真实的，无法通过客观的方式验证。需要注意的是，妄想和幻想可能在某些情况下相互交织，而且个体的感知和解释可能因个人经历、文化背景和心理状态而有所不同。

被害妄想的表现

被害妄想是一种妄想症状，它表现为持续性的、不合理的、固定的信念，相信自己受到他人或外部力量的迫害、陷害或威胁，即使没有实际的证据支持这种观念。被害妄想的人通常对他人的意图、行为和言辞产生过度的解读和猜测，常常感到被监视、追踪、窃听或迫害。

以下是一些常见的被害妄想的表现。

1. 窃听妄想

相信自己的言语、行为或思想被他人秘密监听或窃听。

2. 跟踪妄想

坚信有人在秘密地跟踪自己，监视自己的活动和行踪。

3. 陷害妄想

相信自己成为别人的目标，受到了阴谋、诽谤、陷害或报复。

4. 偷盗妄想

认为自己的财产、金钱或物品被偷盗或遭到非法侵入。

5. 中伤妄想

坚信他人对自己进行中伤、诋毁或恶意攻击。

6.谋杀妄想

相信自己的生命处于危险之中,有人密谋杀害自己。

被害妄想通常与现实不符,但对患者而言,它们是真实而强烈的体验。这些妄想会对患者的情绪、行为和社交功能产生负面影响,他们感到恐惧、疑虑、孤立和困惑。

被害妄想如何诊断

被害妄想是一种精神疾病,通常需要通过专业的医学诊断才能确认。诊断被害妄想通常需要综合考虑患者的症状、临床表现及个人和家族的病史。专业的精神卫生专家,如精神科医生或心理学家,会进行详细的面谈和评估,以了解患者的症状和心理状态。医生会就妄想的内容、持续时间、对日常生活的影响及其他可能存在的症状进行询问。此外,他们还可能会进行身体检查和必要的实验室检查,以排除其他可能导致类似症状的身体疾病。

被害妄想通常根据DSM-5或ICD-10的标准进行诊断。这些标准包括持续的妄想信念,持续时间至少为1个月,且妄想内容与现实明显不符,而且这些妄想信念对个体的思维、情感和日常功能产生了显著的负面影响。

患有被害妄想,是得了精神分裂症吗

听到妄想,很多人会和精神分裂症联系在一起。确实,精神分裂症的人大部分都会存在一些妄想症状,被害妄想也的确是一种病理性的心理状况,但是患有被害妄想的人不一定会被诊断为精神分裂症。被害妄

想是一种独立的心理障碍，也可能与其他精神疾病（如焦虑障碍、抑郁症等）相关。

精神分裂症是一种复杂的精神障碍，其症状包括妄想、幻觉、思维紊乱等。虽然被害妄想可能是精神分裂症的症状之一，但要诊断为精神分裂症需要满足更广泛的诊断标准，并排除其他可能的原因。

如果担心自己的症状与精神分裂症有关，建议咨询专业的精神卫生医生或心理医生。他们可以对你的症状进行全面评估，并提供准确的诊断和治疗建议。

被害妄想如何治疗

被害妄想的治疗同大多数心理疾病的治疗一样，通常需要综合的、个体化的方法。医生会同时应用药物治疗和心理治疗的方式，帮助患者减轻症状、改善功能，并提高生活质量。

1. 药物治疗

抗精神病药物是治疗妄想症状的常用药物。这些药物可以减轻症状、改善情绪和思维的稳定性。

2. 心理治疗

认知行为疗法可以帮助患者识别和纠正错误的认知、改变不健康的思维模式，并学习应对焦虑和恐惧的技巧。其他心理治疗方法如支持性治疗、心理教育等也可以提供支持和帮助。

3. 家庭支持

家人和亲近的人的支持对患者的康复非常重要。提供理解、关心和支持的家庭环境可以减轻患者的焦虑和困扰，并促进治疗效果的提高。

4. 社会支持

与专业机构和社会组织建立联系，参与支持小组和康复项目。与其他有类似经历的人分享经验，可以增强患者的社会支持，让他们不再感到孤单。

5. 教育和自助技巧

了解和学习有关妄想症状的知识，掌握一些自助技巧，如放松技巧、应对焦虑的技巧、情绪管理等，可以更好地应对妄想症状。

重要的是，应该由专业的精神卫生专业人士根据个体情况进行治疗计划的制订和监督。治疗的效果可能因个体差异而有所不同，因此需要定期评估和调整。患者和他们的支持者应积极参与治疗过程，与医生和治疗团队保持密切的沟通和合作。

写在最后

被害妄想虽然是一种病理性的心理状态，但它不代表对个人能力的否定。我们要正确地认识到这是一种疾病，可以通过适当的治疗和支持得到缓解。最重要的是保持乐观的态度，坚信自己可以克服困难。虽然这个过程可能需要时间和耐心，但请相信，自己有足够的能力战胜它，我们可以获得更加自由和幸福的生活！

Q5 为什么在职场中总是讨好别人，从来不敢说"不"？

小安平时在工作中需要大量沟通，有很多工作微信需要回复，为此他感到非常烦恼。他时常担心自己的回复会引起对方的不满，或者因为自己说错话而给公司带来不好的影响，因此他经常在语气的斟酌和表情上花费大量的时间和精力。

记得有一次，小安给客户发微信，虽然自己已经非常客气，然而在发送出去之后，还是会紧张和不安，害怕自己的表述方式有误，惹恼了客户，进而破坏了与客户之间的关系。这种情况发生得越来越频繁，时间久了，小安感到精神压力非常大，同时，他也意识到自己非常在意别人的看法，包括上级领导和其他同事的评价。这种压力使他无法真正地放松下来，享受工作的过程。

根据小安职场中的表现来看，小安是一名讨好型人格者。像小安一样的人在人际交往中常常过度追求他人的认可和满意，以避免冲突或获得他人的喜爱。拥有讨好型人格的个体往往会不断地修改自己的行为和言语，以符合他人的期望和需要，很少表达自己真实的想法和感受。他们常常担心自己的行为或言语会让他人不满，进而影响到与他人之间的关系。

讨好型人格有哪些表现

讨好型人格的人容易感到被动和无控制感，这使他们容易感觉自己的生活和工作被别人所左右，倾向于把别人的需求和利益放在第一位。当他们没有得到别人的认可和赞誉时，也容易感到孤独和失落。

以下是一名讨好型人格者的自述：

作为一个讨好型人格者，我有许多情绪和需求，但是往往会把它们压抑在自己内心深处，不敢表达出来。我表面看起来非常严谨、无欲无求，但实际上内心非常渴望被他人认可和接纳。当我感觉到自己没有得到他人足够认可时，会变得紧张和焦虑，甚至会怀疑自己的价值和能力。

同时，由于过度迎合他人的期望和需求，我经常会忽略自己的真实感受。我可能会因为不想与他人发生冲突或者希望得到他人的认可而放弃自己的意愿。这种行为模式让我感到很疲惫和沮丧，也让我觉得自己的需要和感受不被重视。

虽然我知道这种行为模式对自己的健康和幸福有害，但是我很难改变自己的习惯。我需要更多的自我认识和自我管理能力来掌握自己的情绪和需求，同时也需要学习如何表达自己的意见和情感。我渴望与他人建立稳定、平等、健康的人际关系，并且希望能够真实地表达自己的内心世界，被他人所理解和接纳。

在人际交往中，具有讨好型人格的人常常有以下表现。

1. 过分关注他人需求

他们倾向于将他人的需要置于自己的需要之上，总是尽可能地满足他人的期望和要求，甚至牺牲自己的利益。

2. 害怕冲突，顺从他人

他们会避免与他人发生任何冲突，为了获得他人的认可和喜爱，常常会顺从他人的意愿和决策。

3. 在意他人评价，希望得到认可

由于缺乏内在的自我价值感，他们往往更依赖他人的认可和肯定。只有得到他人的喜爱和赞扬，他们才能获得满足和幸福感。

4. 自我否定，缺乏自我价值感

他们常常对自己很苛刻，难以接受自己的缺点和错误，因此容易自我否定、自我批评，甚至自责。

5. 焦虑不安，缺乏安全感

由于过度关注他人的评价和期望，他们经常感到焦虑和不安，担心自己的行为和表现会引起他人的不满和厌恶。

6. 容易被人操纵和利用

由于过度顺从和依赖他人，他们可能会成为他人的利用对象，被动地接受他人的决策和安排，无法自主地做出选择。

总之，具有讨好型人格的人会在人际交往中过分关注他人、避免冲突、顺从他人、自我否定、焦虑不安及过度追求他人好感。了解自己的人格类型，认识自己的优点和缺点，有助于自己更好地处理人际关系和提高自我素质。

讨好型人格产生的原因

讨好型人格的成因很复杂，通常涉及多个方面的因素。以下是一些可能导致讨好型人格的原因。

1. 生理因素

相关研究表明，具有讨好型人格的人可能会在某些神经递质的水平上存有异常，如血清素和多巴胺等的含量可能比普通人更低，对催产素更加敏感。这种差异可能导致具有讨好型人格的人更容易出现情绪波动，对他人的态度和反应更加敏感和在意。

2. 家庭环境

家庭环境是促使讨好型人格形成的重要因素之一。相关研究表明，

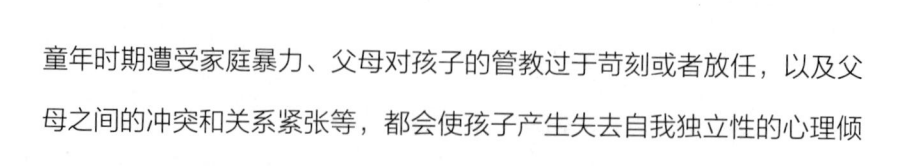

童年时期遭受家庭暴力、父母对孩子的管教过于苛刻或者放任，以及父母之间的冲突和关系紧张等，都会使孩子产生失去自我独立性的心理倾向，从而形成讨好型人格。

3. 文化背景

讨好型人格的形成也与文化背景有关。在一些亚洲国家，例如中国、日本和韩国等，谦逊、谨慎、忍让等是传统美德，这种文化氛围可能使人更容易形成讨好型人格。因为社交规范和价值观念可能对个人的思维方式和行为模式产生深刻影响。

4. 社会价值观

社会价值观也会影响讨好型人格的形成。在现代社会，成功和卓越是普遍价值，个人主义和竞争意识也更加强烈。这种社会价值观可能导致一些人为了迎合他人的需求和期望，放弃自己的独立性和立场，从而形成讨好型人格。

5. 个人性格特点

个人的性格特点也会影响讨好型人格的形成。一些人天生性格内向、温顺、思考周到，容易产生过度关注他人反应和评价的认知倾向，进而形成讨好型人格。

6. 教育方式

教育方式也是导致讨好型人格形成的因素之一。如果父母或者老师过分强调孩子的表现，对孩子的过错进行严厉批评，或者只是因为孩子表现好而给予奖励，都可能导致孩子过度关注他人的评价和期望，产生讨好型人格。

7.个人经历

个人经历也可能对讨好型人格的形成产生积极或消极的影响。例如，在工作中遇到需要迎合领导或客户的情况，或者在社交场合中想要获得别人的认可和喜欢等，都可能导致个人产生讨好型行为倾向，形成讨好型人格。

8.心理因素

心理因素也会导致讨好型人格的形成。例如，个体缺乏安全感、自尊心低、自我效能感差，或具有对归属感的强烈需求和高依赖性，都容易使个体产生讨好型行为倾向和心理倾向。

总之，导致讨好型人格形成的因素是多方面的，包括家庭环境、文化背景、社会价值观、个人性格、教育方式、个人经历和心理因素等。这些因素交织在一起，共同作用于个体，从而形成讨好型人格的行为模式和心理特点。

讨好型人格有哪些影响

具有讨好型人格的人希望在与他人的互动中得到一定的认可和满足感，但这种感觉往往是短暂的。为了维持自己的认可感和安全感，他们会不断地迎合他人的需求和期望，进而产生恶性循环。总之，具有讨好型人格的人内心世界比较复杂和多变，既需要得到他人的认可和支持，又容易陷入自我否定和焦虑之中，从而使身心遭受很多不利影响。

1.影响个人心理健康

具有讨好型人格的人常常对自己过于苛刻，难以接受自己的缺点和错误，因此容易自我否定和自我批评。他们过度关注他人的期望和评价，而忽视自己的需要和感受，容易产生焦虑、抑郁、自卑等负面情绪，影响自己的心理健康。

2.影响人际关系

具有讨好型人格的人容易过度关注他人的需求和期望，而牺牲自己的利益，导致自己受到伤害或被忽视。同时，由于常常顺从他人，无法坚持自己的立场和意见，容易失去自己在人际交往中的主动权，从而阻碍自己与他人建立良好的互动关系。

3.影响个人成长

具有讨好型人格的人往往缺乏内在的自我价值感和自信心，过度依赖他人的认可和评价，导致自身成长和发展受到限制。此外，由于缺乏表达意见和需求的能力，他们难以发现自己的问题和挑战，并且无法自主积极地解决和克服问题，从而使个人的成长和发展受到影响。

4.影响亲密关系

具有讨好型人格的人往往会抑制自己的情感和想法，以避免引起冲突或不满。这意味着在亲密关系中，他们可能无法表达自己的真实感受，将自己隐藏起来，这可能会导致自己与他人沟通不畅和误解。

5.影响亲子关系

具有讨好型人格的父母往往也会抑制自己的情感和想法。这可能意味着孩子无法了解他们父母真正的感受和需求，也无法在需要的时候为他们提供支持。此外，他们可能会难以设定健康的边界和规矩，而过于迎合孩子的需要和愿望，这可能会导致孩子缺乏纪律和责任感，无法发展出健康的自我约束和自律性。

6. 影响职业发展

具有讨好型人格的人常常难以表达自己的意见和立场，因此在职场上往往处于被动地位，容易被他人忽视或忽略。同时，由于无法坚持自己的立场和观点，他们可能无法在竞争激烈的职场中脱颖而出，从而使自己的职业发展受阻。

7. 难以承担责任和决策

具有讨好型人格的人往往过于顺从他人的期望和要求，而缺乏自主性和决策能力。他们难以承担责任，做出决策，常常依赖于他人。

因此，讨好型人格需要学会保护自己的需求，提高自己的决策能力和独立思考能力，培养自己的自信心和自我认同感，不断发掘自己的优势和潜力，从而实现自身的成长和发展。

随着时间的推移，小安渐渐地明白了一个道理：总是过分在意别人的反应和情绪，只会让自己变得越来越疲惫和无力，也可能会给对方带来压力，或者"惯坏"对方。他逐渐地意识到，要勇于正视自己的情感和需求，表达自己的意见和想法，同时也要真正地理解和尊重别人的想法和感受，这样才能改变自己的讨好型人格，也才能够建立起健康、互相尊重的人际关系。

通过不断的尝试和实践，小安逐渐掌握了更多正确的表达方式，并且学会了在回复微信时充分考虑对方的感受和需求，使自己的回复能够更多地得到他人的认可和理解。在这个过程中，通过真实、坦诚的交流，他也与同事之间建立了深厚的友谊。

如何克服讨好型人格

讨好型人格面对社交中争吵、尴尬、意见冲突等负面的状态会十分不安，总是试图营造出和谐的气氛，甚至不惜牺牲自己的利益。因此，要克服讨好型人格，需要采取以下措施。

1. 准确认识自我

建立自我意识，了解自己的优点和缺点，从而找到自己的价值，并树立自信心。通过反思、观察自己的行为和情感反应，深入了解自己的特点和需求，从而认识到自己独一无二的价值和贡献。

2. 学会表达诉求

学会表达自己的意见和需求。通过练习主动向他人表达自己的看法，坚持自己的立场和决策，可以提高自己的自主性和自我效能感。

3. 接纳自己的错误和缺点

学会接受自己的错误和缺点。通过认真反思自己的行为和心理状态，客观评价自己的弱点和需要提升的方面，并制订相应的改进计划，不断提升自己。

4. 学会拒绝和说"不"

学会拒绝他人的要求，并且说"不"。通过逐步放弃过度妥协和迎合他人的习惯，掌握讨好的尺度和时机，确立自己的边界和限制，从而保护自己的利益和需求。讨好并非一无是处，关键是要把握好尺度，因人而异，因时而异。

5. 培养兴趣爱好和技能

培养自己的兴趣爱好和技能，通过发扬自己的优势和特点，提升自己在职场和生活中的影响力和价值。

总之，克服讨好型人格需要坚定自信、培养自我意识、提高自主性和自我效能感，以及改变过度取悦他人和自我否定的行为方式，实现自身的成长和发展。

第二部
耐心应对他人的"另类"举止

有时候,我们为了与更多人站在一起而对"另类"避之不及。然而,不同的历史、不同的境遇造就不同的人,"另类"是他人世界中的一种"正常"。我们不能思他人所思,感他人所感,只能本能地躲避那些不可理解的"另类"。

虽然听上去难以置信,但是在"另类"的人身上,也隐藏着我们的影子。尝试去理解他们,可能是我们所能迈出的最勇敢的一步。黑暗与光明本是一体两面,探知黑暗的涌动才能让我们更好地沐浴光明。拥有包容和接纳的心灵,我们将能看到更为开阔的世界,了解"另类"正是去往那里的一条小径。这一部分提供的知识或许能够与你的想象形成对照,帮助你以更加平和的心态与"另类"相遇。

生理篇：陌生人的"另类"生理反应

Q1 为什么有人一到广场就会头晕目眩？

小美小时候父母经常吵架。在小美6岁时的一个晚上，她从梦乡中被吵醒，原来爸爸妈妈又吵架了，妈妈要离家出走，爸爸让小美快点去把妈妈追回来。小美赶快追出门外，可是妈妈头也不回，只留下小美一个人在空旷的路上边追边哭。之后小美一直不敢夜晚独自出门。小美最近刚刚升入中学，但是她并没能融入崭新的学习生活，交到新的朋友。她害怕与人接触，教室、广场、公园等公共场所都会令小美感到极度的不安与恐惧。慢慢地，她开始不敢独处，每当独处时小美都大声歌唱或者走来走去，企图驱散内心的恐惧。经过诊断发现小美患上了"广场恐惧症"。

小时候一个人在空旷的夜晚追寻母亲却不能挽留她的经历在小美的心理上形成了创伤。这一情景下缺乏安全感和情感支持的状态引发了小美日后对类似场景的持续恐惧。此外，父母经常吵架的家庭环境也有可能导致小美感到不安全，这种不稳定性可能加剧她的心理压力，成为日后广场恐惧症的因素。

什么是广场恐惧症

广场恐惧症字面意思为对宽阔场所的恐惧，实际指的是对任何可能难以逃脱的地方及各种公共场所的恐惧。广场恐惧症通常被认为是焦虑症的一种，患者对可能带来恐慌、被困、无助感的地方产生强烈的恐惧，处于极度的压力之下。大多数广场恐惧症患者在发作过一次后会担心再次发作，造成额外的恐慌，并避免导致病情发作的场景。可能导致广场恐惧症发作的场所包括独自一人在家以外的地方，使用公共交通工具，购物中心、商店、电影院，排队或在人群中，在开放空间（市场、停车场），身处可能难以逃脱的地方。

广场恐惧症有哪些症状

在生活中我们似乎很少遇到广场恐惧症患者，但实际上广场恐惧症并非一种罕见的疾病。出于恐惧，广场恐惧症患者会对购物中心等空旷场所进行回避，以致我们难以在身边发现他们。这种回避是患者自发产生的对疾病的应对策略，以减少患者在恐惧情况下惊恐发作的风险。除了回避和恐惧，患者还可能出现以下现象和症状：头晕目眩，胸闷或心跳加速，摇摇欲坠的感觉，突然发冷或脸红发烫，出汗过多，胃部不适，发抖哭泣等。

广场恐惧症患者除了身体上的症状，通常还对某些情境带有灾难性的认知，例如在商场里会担心自己遇到陌生人，这个陌生人会杀害自己等。认知模型指出，惊恐发作是由个体倾向以灾难性的方式解释身体感觉引起的。这些不愉快的感觉被认为是即将发生的身体或精神灾难的迹象。这种灾难性的解释又会进一步加重身体反应，形成恶性循环直到惊恐爆发（Langs, G. et al., 2000）。情况严重的广场恐惧症患者几乎在任何公共场所都难以感到安全。他们通常将自己限制在一个安全区域，可能仅包括家庭或家庭附近。患者甚至会在家中待上多年，导致他们无法正常工作、生活、参与社交。据估计，超过 1/3 的广场恐惧症患者不出门，无法工作和正常生活。

广场恐惧症的成因是什么

广场恐惧症的成因尚未被完全了解，其成因较为复杂，涉及多个因素。

1. 生物遗传因素

广场恐惧症的发病受到遗传因素的影响，家族中有亲人患有焦虑症的则更有可能患上广场恐惧症，且发病时间更早。神经递质和脑区功能异常与焦虑障碍有关，包括广场恐惧症。研究表明，神经递质如血清素和多巴胺可能在焦虑症状的产生中发挥作用。与其他精神疾病不同的是，广场恐惧症的发病早并不表明病情更加严重。

2. 情景因素

行为主义的理论认为，广场恐惧症是由某些情境与令人恐惧的刺激多次同步出现形成连接，患者形成了条件反射，每当出现类似的场景就想起令人恐惧的对象，慢慢发展为广场恐惧症。就像案例中小美的经历一样，再次独自处在空旷的街头就会重温当时的无助与痛苦。

3. 过往经历的影响

患者的生活经历尤其童年创伤与广场恐惧症的发展是直接相关的。经历创伤事件、压力事件（比如父母亲去世、被抛弃、被抢劫），在缺乏温暖或者过度保护的家庭中长大都有可能导致广场恐惧症。同时，恐惧的内容、表现方式也会受到社会文化及家庭、学校教育方式的影响，小美的恐惧就来自被母亲抛弃，不被接纳与关爱的感受扩展到其他的人际关系中。

需要强调的是以上只是可能的因素，实际广场恐惧症的发展过程可能受到多种因素的交互作用影响。每个人的经历和个体差异不同导致形成广场恐惧症的原因并不相同。

广场恐惧症如何治疗

广场恐惧症的治疗效果取决于恐惧的严重程度，一般能够达到较为成功的治疗效果。通常采取以下治疗方式。

1. 心理治疗

认知行为疗法能够有效消除惊恐发作，减少预期焦虑。这种疗法旨在帮助患者改变或消除错误的灾难化的思维模式，并鼓励患者采取更积极的思维方式。患者的错误信念及想法导致了过度的紧张，通过改变患者对自己、他人或事件的看法和态度能够显著改善患者的心理问题。这个过程通常需要8~12周，以学习和实施他们新获得的思维方式与技能（乔万通，2017）。

暴露疗法是一种行为技术，患者在专家指导下逐渐暴露在自身所恐惧的场景下，慢慢了解到自身所恐惧的结果并不会成真，比如首先请患者暴露在家门外，逐步扩展到离家更远的地方，或是人更多的地方。采用暴露疗法治疗广场恐惧症可以有效减少患者焦虑。

2.精神分析

精神分析的目标是通过探索个体的潜意识和内心冲突，帮助患者理解和解决问题。弗洛伊德曾通过精神分析的技术治好了小汉斯的恐惧症。对于广场恐惧症的治疗，经常使用如下方法。

自由联想：患者被鼓励自由地表达他们的想法、情感和记忆。这有助于揭示患者潜在的内心冲突和焦虑源。

解释：治疗师会帮助患者理解他们恐惧的根源，并解释内心冲突如何导致广场恐惧症的症状。

梦境分析：患者的梦境可以提供有关潜意识冲突和恐惧的线索。治疗师可以与患者一起分析梦境，以深入了解他们的内心世界。

转移：治疗师和患者之间的关系可以成为治疗的焦点。通过观察和探索患者在治疗关系中的情感和反应，患者可以更好地了解自己与他人的关系，并解决可能导致广场恐惧症的问题。

精神分析是一种长期的治疗方法，通常需要多次会话和持续投入。它适用于那些希望深入了解自己的内心世界，并准备进行深层次探索的患者。

3.药物治疗

部分经历惊恐发作的患者可能会需要药物的辅助，防止惊恐发作或降低其频率和严重程度。抗焦虑药物和抗抑郁药物可以用于减弱患者的惊恐程度，减轻广场恐惧症的症状，具体药物的使用需遵医嘱。

4.支持性治疗

提供情感支持和理解对患有广场恐惧症的人来说也很重要。对患者的感受表示理解和同情，并让患者知道他们不是孤独的。确保他们感到被接纳和支持，而不是被批评或指责。鼓励患者逐步面对他们的恐惧，但要尊重他们的节奏和舒适度。与患者交谈时要确保语气友善，能安抚和支持对方，避免强加观点或给予他们不必要的压力。

其他类型的疗法，如生物反馈、催眠、冥想等也对一些患者有帮助。患者可根据自身情况听从医生建议选择治疗方法。

5. 自助技巧

如果你在某种程度上患有广场恐惧症，可以尝试使用以下技巧来控制情绪。更好地控制和面对的情绪能够帮助自己应对不舒服的场景。

待在原地：在惊恐发作期间尽量抵制跑到安全地方的冲动；如果你正在开车，请靠边停车并将车停在安全的地方。

转移注意力：专注于非威胁性和可见的东西很重要，例如手表上的时间流逝或超市里的物品；提醒自己，可怕的想法和感觉是恐慌的标志，最终会过去。

深呼吸：专注于缓慢、深沉的呼吸，同时在每次呼吸和呼气时慢慢数1、2、3。

直面恐惧：试着弄清楚你害怕的到底是什么，你可以通过不断提醒自己"所害怕的不是真实的，并且会过去"来实现这一点。

创造性的可视化：在感到害怕的时候，试着想象一个让你感到平静、放松的场景，一旦你脑海中有了这个形象，试着把注意力集中在它上面。

定期运动：运动可以帮助缓解压力和紧张，改善情绪。

健康的饮食：健康、均衡的饮食和体重有助于保持整体健康及情绪平稳。

避免使用酒精：酒精可能会提供短期缓解，但从长远来看会使症状恶化。

Q2 为什么有人一到地铁里就会心跳加速、呼吸困难？

小斌有一辆自行车，只要不出城，无论去哪，骑自行车都是小斌的首选。即使刮风下雨，小斌也不愿乘坐公共交通工具，尤其是不能见到窗外景色的地铁。一次不得不乘坐地铁出行，途中小斌突然心跳加速，呼吸困难，这可把他的朋友吓坏了。朋友带小斌去看心理医生，经诊断，小斌患上了封闭空间恐惧症。

为什么会有地铁恐惧症

地铁是现代城市生活中常见的交通工具，然而，一些人在进入地铁车厢时会出现心跳加速和呼吸困难等情况。作为一种常见的焦虑症状，这种现象也被称为地铁恐惧症。地铁恐惧症表现为对乘坐地铁或在封闭空间中感到极度不安和恐惧。导致症状的具体诱因有所不同。

1. 焦虑障碍

（1）封闭空间恐惧：表现为处于封闭空间或无法容易逃脱的地方会感到极度不安和恐惧。这些封闭的空间可能包括电梯、小房间、飞机、地下室等。处于这些封闭空间中，他们会出现心跳加速、呼吸困难、恶心、冷汗、头晕等身体症状，以及焦虑、恐惧和惊恐的情绪。

（2）广场恐惧症：表现为对广场、拥挤的场所或离开家的情况的恐惧。这些场所可能包括购物中心、公共交通工具、人群聚集的地方等。当广场恐惧症患者害怕失去逃脱的途径或无法得到帮助时，也可能出现类似封闭空间恐惧的身体症状和情绪症状。

（3）平衡恐惧症：表现为对失去平衡或感觉到身体不稳定的恐惧和焦虑。个体可能害怕站立、行走、坐下或进行其他平衡相关的活动，因为他们担心会失去平衡、摔倒或受伤。而地铁频繁的启动与停止可能使其焦虑，这种恐惧可能导致他们避免乘坐地铁，限制了他们的日常生活和活动范围。

（4）晕厥恐惧症：表现为对晕厥或失去意识的恐惧和焦虑。他们害怕在公众场合失去控制、受伤或在晕厥时出现尴尬的情况。这种恐惧可能导致他们处在地铁中过分担心自己失去控制而产生心跳加速等反应。

2. 创伤性经历

有些人可能在乘坐地铁时遇到了创伤性事件，如恐怖袭击或紧急情况，这可能导致他们对地铁产生强烈的恐惧和焦虑。创伤性经历可能导致心理刺激和身体反应之间的联系，从而引发类似地铁恐惧症的症状，包括心跳加速和呼吸困难等。

这种情况可能是由于条件反射的形成。在创伤性事件发生时，个体的身体反应（如心跳加速、呼吸困难）与环境的刺激（如地铁的特定声音、味道、视觉特征等）产生联系。后续当个体再次置身于类似的环境，这些环境的刺激就会引发条件反射，导致相同的身体反应。

由于遭受了心理创伤，类似的情境也可能触发个体的防御机制。地铁作为一个封闭的、拥挤的环境，可能引发个体的逃避反应，从而引起个体的心跳加速和呼吸困难等身体症状。

🌐 地铁恐惧症如何治疗

地铁恐惧症的治疗方法通常包括心理疗法和自我管理技巧，以下是一些常用的治疗方法。

1.认知行为疗法

认知行为疗法被广泛用于治疗焦虑症。治疗师与患者合作，通过认知重构和暴露疗法，帮助他们识别和改变与地铁恐惧症相关的不健康思维和行为模式。对于地铁恐惧症患者来说，暴露疗法可以包括逐步乘坐地铁、想象地铁场景或观看地铁相关的图片和视频。这种渐进的暴露过程可以帮助患者逐渐适应地铁环境，减少恐惧感。

2.药物治疗

在某些情况下，医生可能会考虑使用药物治疗来帮助患者减轻地铁恐惧症的症状。药物治疗通常与心理疗法结合使用，可以减轻患者焦虑症状，提供暂时的缓解。

3.放松技巧

学习和实践身体放松技巧可以帮助患者在焦虑时调节身体反应。深呼吸、渐进肌肉松弛、冥想和正念等技巧可以帮助患者缓解焦虑症状，提高放松和自我调节能力。

4.自我关注和自我疗愈

培养良好的自我照顾和自我疗愈的习惯，包括正面思维、健康的生活方式等。

5.支持和理解

患有地铁恐惧症的人需要得到理解和支持。家人、朋友和治疗师的支持可以帮助患者建立自信，逐渐面对恐惧并应对焦虑症状。

需要注意的是，每个人的情况是独特的，治疗方法的选择应根据个体的需求和专业意见进行。放松技巧需要专业指导学习后进行练习。因此，寻求专业心理治疗师的帮助是非常重要的。

怎样帮助地铁恐惧症患者

如果遇到像小斌一样在地铁内恐惧症发作的患者，我们可以采取以下措施来提供帮助和支持。

（1）保持冷静：我们需要意识到患者可能正在经历焦虑发作，并理解他们的感受是重要的。

（2）提供支持和安慰：与患者进行沟通，表达支持和关切。我们可以安慰他们，让患者知道他们不是孤独的，并且我们愿意帮助他们渡过难关。同时尊重患者的需求，给予患者一定的个人空间，并尽量避免过多的刺激和干扰。不要试图迫使他们克服恐惧，而是尊重他们的意愿。

（3）分散注意力：帮助患者转移注意力，可以通过谈话、提供安慰的话语或者引导他们进行深呼吸等放松技巧来分散他们的注意力。

（4）寻求帮助：如果情况严重，建议寻求专业医疗帮助。地铁工作人员可以提供支持和指导，他们通常受过培训并知道如何处理紧急情况。

最重要的是，我们要对地铁恐惧症患者保持理解和同情，避免嘲笑或贬低他们的感受。给予他们安全感和支持，帮助他们渡过难关。

Q3 为什么有人一到封闭性的环境就会大脑一片空白？

某天晚上，终于结束一天工作的小张感觉腰部持续疼痛并且伴有腿麻的症状。疼痛难忍的他选择第二天前往医院就诊。来到医院，医生针对他的症状开了一系列的检查，其中就包括磁共振成像检查。检查室内，医生和小张交代了一些注意事项，此间，小张非常耐心也非常配合。但是当一切准备就绪，小张被送进机器内部后，原本淡定配合的小张突然开始大喊大叫，挥舞手臂。医生连忙关闭机器，将小张从机器里面推出来。出来后的小张逐渐恢复了一开始的淡定，并且自述刚刚一进到机器内部，就开始出现呼吸困难、四肢僵硬、大脑一片空白的情况，根本无法控制自己。

为什么小张会出现上述的这些症状呢？是因为小张患有一种名为"幽闭恐惧症"的疾病。我们在生活中可能都听说过"幽闭恐惧症"这一名词。在DSM-5中，幽闭恐惧症被归入焦虑障碍中，是其中的场所恐惧障碍中的一个小类。研究表明，场所恐惧障碍的发病率在不同文化和种族中差异不大，各种年龄均可发病，但在青少年晚期和成年早期发病率最高。每年大约有1.7%的青少年和成人被诊断为场所恐惧障碍，女性患病概率约是男性的2倍。在生活中，因为幽闭恐惧症在发作时的临床表现酷似急性脑缺血发作、急性哮喘发作、甲亢等内科疾病，所以如果不能准确识别，极易误诊为心、脑血管疾病或呼吸系统疾病。再加上幽闭恐惧症所带来的一系列生理反应会使个体产生强烈的痛苦体验，所以对于幽闭恐惧症的识别及治疗就显得尤为重要（郝伟、陆林主编《精神病学》第八版，2018年）。

什么是场所恐惧障碍

场所恐惧障碍是一种焦虑恐惧障碍，所恐惧的对象是特定场所或处境。患者虽然知道恐惧是过分的或不合理的，但仍然回避所害怕的场所和处境，使个体的工作、学习和其他社会功能受限。

什么是幽闭恐惧症

幽闭恐惧症的英文claustrophobia一词来自拉丁语claustrum（一个封闭的地方）和希腊语 φόβos，phóbos（恐惧）。幽闭恐惧症是场所恐惧障碍中专门针对封闭空间的一种焦虑症。幽闭恐惧症患者身处某些封闭的环境下，例如电梯或机舱内，可能发生恐慌的症状。甚至某些患者在周围环境拥挤或身穿紧身衣时也可能会出现恐慌的症状。

幽闭恐惧症是一种什么样的感觉

如果有幽闭恐惧症，你会对身处封闭或密闭的空间感到非常焦虑及恐惧。你可能无法集中注意力做事，满脑子都被"我正处于一个密闭空间"这样的想法占据。生理上，你会感觉身体出汗或发抖、胸闷或心跳加快、呼吸困难或呼吸急促、发冷或脸红，甚至会感觉窒息、晕眩或头晕、麻木或刺痛、耳鸣、口干。心理上你会害怕失去对身体的控制、害怕晕倒。你还会感到极度焦虑，迫不及待地想要离开，明明知道自己的这种恐惧是不合理的，但你无法控制自己停止恐惧。

幽闭恐惧症出现的原因是什么

幽闭恐惧症的成因是复杂的，可能是某一具体的原因，也可能有不止一种原因，目前对此尚无权威解释。不过其可能的成因包括社会心理因素、遗传及性格因素和生物学因素等。

1. 行为学因素

行为学理论认为场所恐惧常缘于自发的惊恐发作并与相应的环境偶联，形成条件反射。也就是说当大脑将环境与危险联系起来时，就会产生焦虑和回避行为。症状的持续和泛化导致患者在越来越多的场合产生焦虑，从而形成了幽闭恐惧症。它通常是童年创伤经历的结果，比如儿童期经历的一些负性和应激事件，一些患有幽闭恐惧症的成年人小时候曾有被困或被限制在狭小的空间里的一次或多次经历。其次，当人们身处封闭狭小的空间内，可能会产生一种失控感与被抛弃感，这种感觉会诱发人们产生脱离目前这个危险环境的冲动，这种冲动可能会诱发惊恐发作。

2. 家庭教育及教养方式

针对患者的人口统计学信息调查发现，家庭环境冷漠、过度宠溺、过分严格或死板的教育，都有可能导致他们的心理成长异常，对事物缺乏正确的判断能力。

3.生物学因素

在人类的大脑两侧，存在一个杏仁状的脑部组织，该组织是产生情绪、识别情绪和调节情绪、控制学习和记忆的脑部组织，我们称之为杏仁核。杏仁核是大脑中最小的结构之一，但也是最强大的结构之一。当杏仁核感受到恐惧情绪的时候，它会刺激交感神经系统，从而使身体释放出肾上腺素，而肾上腺素会加快心跳和呼吸的频率，并且使骨骼肌血管舒张，使血液和氧气更快地抵达手臂和腿部的肌肉。在正常情况下，当我们遇到危险的时候，这一反应机制才会启动，使我们能更好地应对危险的情况。但是在部分患有幽闭恐惧症的患者中，杏仁核变得更加敏感，每当遇到封闭环境时，就出现过度激活的现象，从而激活交感神经系统，释放出大量的肾上腺素，使我们心跳加快，胸闷口干、肌肉收缩，头晕以及体验到强烈的濒死感（Claustrophobia: What Is It, Symptoms, Causes & Treatment, 2021）。

4.遗传和性格因素

有些个体生来就容易紧张，有神经质的行为。面对恐惧时，他们更加容易感到害怕。患有相关疾病可能会导致他们更加内向、固执，或过度敏感和多疑，表现出胆怯、逃避和依赖的特质。

幽闭恐惧症如何治疗

其实，将所有人扔在一个封闭且狭小的环境里，都会诱发一定程度的恐惧。我们首先要判断，自己的恐惧究竟是否已经达到需要治疗的程度。如果我们在遇到封闭环境时，仅仅是感到轻微的心慌、手抖，且这种症状不影响我们的正常生活，这就说明这种"恐惧"的情绪是属于正常的生理范围内的。当遇到令自己感到恐惧的情景时，可以尝试用分散注意力的方式来减轻不适感，例如深呼吸、做数学心算、听音乐、跑步运动等。这样做能够帮助个体降低由恐惧引起的紧张感，使身体恢复平静，从而使情绪得到控制。对于经常体验恐惧情绪的人来说，咖啡因可能是诱因之一，所以应适量减少咖啡因的摄入，尤其是避免饮用含咖啡因的饮料，如茶和咖啡。

如果通过这些自我帮助的手段仍无法有效应对恐惧，并且被医生诊断为患有幽闭恐惧症，那么我们应当遵医嘱进行治疗。幽闭恐惧症治疗通常以心理疗法为主，药物治疗为辅，依赖于医患双方的共同努力。其中心理治疗主要以认知行为疗法、暴露疗法为主。

1. 认知行为疗法

这种心理治疗的重点是通过改变思维、感觉和行为方式来控制恐惧。

在认知行为疗法中，医生首先帮助患者建立治疗信心，分析恐惧对象。然后医生要帮助患者挖掘其"怕"的根源，认识"怕"的内容，计算"怕"的程度，衡量"怕"的概率。只有患者认识到了自己的病因，才能正确评价自身在环境中的位置，从而树立战胜恐惧的坚强信心。

在治疗期间，患者将：

（1）和医生探讨症状并描述感受。

（2）更深入地探究恐惧症，了解如何应对。

（3）学习如何识别、如何重新评估和改变想法。

（4）学习一些解决问题的技能来应对恐惧。

（5）直面恐惧，而不是回避它。

（6）学习如何让身体保持生理与心理上的平稳。

2.暴露疗法

暴露疗法又可以分为两种：缓慢暴露法和快速暴露法。在治疗幽闭恐惧症的患者的过程中，我们最常使用的缓慢暴露法称为系统脱敏法，而最常用的快速暴露法称为满灌疗法。

系统脱敏法是治疗幽闭恐惧症安全而有效的行为治疗方法。治疗中，治疗师通过定义一系列递进的恐惧级别，令患者逐步面对那些引起恐惧的事物或环境，在经历逐渐增强的感官刺激后逐步适应，从而降低对这些刺激的恐惧反应，最终症状彻底缓解。该方法的温和性使其更容易被患者所接受，尽管其治疗周期较长，效果出现较缓慢。对于那些病情较为严重的患者，治疗师可能会建议结合服用抗焦虑药物辅助治疗。

作为幽闭恐惧症的一种心理干预方式，满灌疗法属于骤进型的行为疗法。此法是在一定心理辅导的基础上，将患者骤然置于恐惧事物之前或场所之中，采用想象的方式，或把患者直接带入他最害怕的情境。鼓励患者想象最令他恐惧的场面，或者心理医生在旁边反复地甚至不厌其烦地讲述他最感恐惧情境中的细节，或者使用录像、幻灯片放映最令患者恐惧的情景，以加深患者的焦虑程度，同时不允许患者采取闭眼睛、哭喊、堵耳朵等逃避行为。在反复的恐惧刺激下，即使患者因焦虑紧张而出现心跳加快、呼吸困难、面色发白、四肢发冷反应，患者最担心的可怕灾难却并没有发生，这样焦虑反应也就相应地消退了，恐惧症状自然也就慢慢消除了。这种方法的优点是病情治愈速度快。缺点是患者必须有一定的身体条件，否则会令患者过度恐惧而出现昏厥。因此，在进行满灌疗法时，还必须具备一定的抢救知识，配备一定的抢救设备（沈晓彬，2006）。

3.药物疗法

除了认知行为疗法以及暴露疗法可以有效地改善幽闭恐惧症患者的症状，有时还需要应用短期的药物治疗幽闭恐惧症引起的焦虑。最常用的两种主要药物类别是：苯二氮䓬类药物，例如抗焦虑药物阿普唑仑、氯硝西泮和安定。选择性5-羟色胺再摄取抑制剂，如帕罗西汀或依西酞普兰（Asmundson GJ，Taylor S，and Smits JA，2014）。

如何正确看待幽闭恐惧症

如果有一天，我们发现周围的家人朋友中有人出现了同上面案例中小张一样的情况，请积极地帮助他们，不要用烦躁、不理解的眼神望向他们。这一症状是高度可治疗的，患有这些疾病的人与其他人没有任何不同。上面案例中的小张，经过积极的治疗，已经能顺利完成核磁检查。他说，虽然机器启动时，还是会有些许恐惧与担忧，但自己已经能顺利控制住这种情绪了。如果说你是一位和小张一样的幽闭恐惧症患者，或者说你有幽闭恐惧症的倾向，也不要因此感到害怕，更不必为此焦虑，我们要努力直面自己内心的恐惧，要勇敢接受恐惧的挑战，更要积极配合医生的治疗，相信终有一天，你能战胜自己的心魔，逐渐克服这种状态，重新拥抱阳光。

情绪篇：陌生人的"另类"情绪

Q1 为什么有人一开车就火大？

2023年5月，在上海市内环一高架桥上，一辆私家车与一辆工程车发生碰撞，导致工程车半个车身都骑在高架护栏上，情况十分危急。行车记录仪显示两车多次碰撞，私家车被工程车紧贴，行驶一段时间后私家车加速并猛打方向变道，将工程车撞上高架护栏。经交警调查，涉事两车在行驶过程中存在互相"斗气"的行为。

随着社会的发展，汽车已经走进寻常家庭，成为人们日常出行的重要交通工具。根据世界卫生组织的调查数据，道路交通事故是全球死亡主要原因之一。安全驾驶是关乎生命的重要问题，而驾驶人员的急躁情绪则大大增加了道路事故发生的可能性，导致更多的死亡和受伤。驾驶人员带着愤怒情绪开车已经成为一种交通问题，并有一个名称"路怒症"。

为什么有人会有路怒症

日常生活中，我们都曾见到驾驶员因路面状况而发飙，他们可能狂躁不安，狂按喇叭。甚至作为一名驾驶员，我们自己也曾经历这样的情绪事件。那么是什么力量将一名日常生活中脾气正常的普通人，变为路怒症的呢？

1. 近端触发因素

道路状况与驾驶员"路怒"有着最直接的关系，如堵车、其他司机的不文明驾驶等，尤其在时间紧迫的情况下，这种压力会增加情绪激动和冲突的风险（任倩文等，2021）。

2. 注意力

在驾驶过程中，驾驶员需要集中注意力于路况，扫描外部环境以做出驾驶判断。部分驾驶员可能与他人相比更加专注于情境中引起愤怒的元素，如他人超车行为，那么他就可能更容易因此产生愤怒暴躁的情绪。

3. 认知与评价

人们评估驾驶情况的方式促发了路怒症。引发情绪的可能不是情况本身，而是如何看待这个情况，如何解释他人的动机。例如，一个司机被另一辆车超越，然后在减速时被困在同一辆车后面。如果驾驶员将事件解释为前者故意超车后减速，那么他很可能会经历路怒症。研究表明，如果一个司机将另一个司机解释为无礼或威胁，路怒症的可能性就会增加（Wickens，et al.，2011）。

4. 性格与驾驶风格

易怒、冲动的性格特征，或者不擅长情绪控制的人更容易对交通状况产生过度反应。驾驶风格与路怒症之间也存在密切的关系。驾驶员如果经常采取攻击性驾驶风格，如超速、切入车道、频繁变道、黏车等，可能会增加与其他驾驶员发生冲突的可能性，导致路怒症的出现。

5.身体反应

如果驾驶员在驾驶过程中经历某种事件后产生心跳加速、呼吸急促、出汗等身体上的反应，则更容易将当下的情况解释为愤怒的，从而引发"路怒"。

6.生活压力和情绪问题

个人生活中的压力、工作压力、家庭问题等可能对情绪产生负面影响，增加出现路怒症的可能性。

遭遇路怒症怎么办

如果你遭遇路怒症，以下是一些建议的应对方法。

1.保持冷静和冷静应对

尽量保持冷静，不要与愤怒的驾驶员争吵或参与肢体冲突。避免对对方的挑衅做出回应，保持冷静的态度，不要让情绪主导你的行为。如果你觉得自己陷入危险的情境中，尽量保持适当的距离和安全。尽量避免与冲动和激动的驾驶员过于接近，让自己处于安全的位置。

2.不要报复或加剧冲突

不要试图报复或加剧冲突。避免采取激烈的行为，如超速、切入对方车道、追逐对方等，这只会加剧危险和紧张气氛。避免与愤怒的驾驶员进行长时间的争吵或纠缠，自己的安全和健康是首要的，与对方继续争吵只会加剧紧张和危险。

3.避免眼神接触

如果你感到不安或恐惧，避免与愤怒的驾驶员进行直接的眼神接触。眼神接触可能会被对方视为挑衅，增加冲突发生的可能性。

4.寻求帮助

如果你感到自己处于危险的境地，你可以寻求周围其他驾驶员或路边警察的帮助。报警或通知相关的交通执法机构，他们可以帮助处理冲突和确保你的安全。

5.记录关键信息

如果可能，尽量记录关键信息，如对方车辆的车牌号码、车型、颜色，以及时间、地点等信息。这些信息可能在需要报告事件或后续处理时有用。

自己的安全和健康是最重要的，尽量采取安全和冷静的行动来应对路怒症。避免一时意气之争，给自己带来更大的伤害。

如何缓解路怒症

当我们自己开车上路时，可能同样会遇到引发我们暴躁情绪的事件，引发"路怒"。缓解路怒症需要一些积极的策略和技巧，以下是一些可能有效的方法。

1.保持冷静

当你感到愤怒和紧张时，尝试进行深呼吸和放松练习。深呼吸可以帮助缓解紧张情绪和焦虑感，让你保持冷静。如果你感到非常愤怒或失控，找一个安全的地方停车，稍作休息，让自己冷静下来。可以听一些舒缓的音乐或进行简单的放松活动，让自己的情绪恢复平静。

2. 修正负面思维

意识到自己的负面思维模式，并尝试转变为更积极的思维方式。遇到不满和冲突时，尝试换位思考、理解对方的行为，以及寻找更和平解决问题的方式。试着换个角度看待交通状况和其他驾驶员的行为。认识到每个人都可能有犯错和不良驾驶行为的时刻，将自己置于对方的位置，理解他们可能面临的情况和压力。

3. 避免争吵和冲突

遇到冲突时，尽量避免与其他驾驶员争吵或肢体冲突。这些行为可能会加剧危险和紧张气氛。冷静应对，避免被情绪主导。

4. 时间管理和计划

给自己更多的时间来完成驾驶任务，合理安排行程和出行时间，减少因时间紧迫而产生的压力和焦虑。

5. 寻求帮助

如果发现自己经常陷入路怒症的情绪中无法自我调节，可能需要寻求专业的帮助。心理咨询师或心理健康专家可以提供适当的支持和建议。

道路上的冲突和压力是正常的，但我们可以通过积极的态度和有效的应对策略来缓解路怒症，保持安全和愉快的驾驶体验。

Q2 为什么有些人会害怕和别人说话？

小美是一名大一学生，由于父母在外打工，她一直和奶奶生活在一起。小美从小就很乖巧，但是有点儿胆小，不太合群。因为成绩优异，她一直被老师夸奖。刚刚步入大学生活时，她在帮忙整理学生资料时出了错，被老师批评了。小美感到非常内疚，从此不敢见到老师，害怕与老师讲话，不敢参加班级活动，甚至会逃避上课。这给小美的生活带来了很大的影响，但是她无法克服自己内心的障碍，非常苦恼。

根据小美的情况，她可能已经有了社交焦虑障碍的征兆，该障碍又称社交恐惧症，是一种普遍的焦虑障碍。这可能是她的先天性格、成长环境及身为学生的角色压力共同作用的结果。社交焦虑的人在面临社交或可能受到他人关注的场景时会感到异常的紧张和担忧。这种焦虑感通常来自对他人评价的恐惧或对自己的表现不达预期的过度担忧。

社交焦虑有哪些原因

害怕与他人说话社交的情况非常普遍，大家习惯把这种情况称为"社恐"。尤其年轻一代，大部分人认为自己存在类似的现象，他们会低下头不与人对视以免交谈，为避免与熟人攀谈刻意绕远路等。这是一种在社交中回避、退缩的行为，称为社交焦虑更加贴切，较为常见的原因有以下几个。

1. 缺乏自信

年轻人常常在建立自我认同和寻求社会认可的阶段。在这个过程中，他们可能对自己的外貌、能力、社交能力等方面产生较高的自我要求，容易对自己的能力和价值产生怀疑，缺乏自信心。他们往往认为自己在社交场合中表现不好，无法与他人建立积极的关系，从而增加社交焦虑。

2. 认知加工偏差

夸大负面结果出现的可能性，或者对模棱两可的情况做出消极的解释。在社交场合中更容易感受到负面情绪，产生回避情绪（chen. H, Lin.M, and Qian. M, 2022）。

3. 过度关注他人评价

社交焦虑者担心自己无法满足他人的期望和评价，常常过度关注他人对自己的评价，担心自己在社交场合中的表现会受到负面评价，从而引发别人的批评或嘲笑。

4. 压力增加

现代社会人们的压力较大，例如学业压力、就业竞争、社交媒体的影响等。这些压力可能导致年轻人对社交场合和他人评价产生过度担忧和焦虑，从而增加社交恐惧症的发生风险。

5. 社交媒体的影响

社交媒体的普及使人们更容易与他人进行社交互动，但同时也带来了一些负面影响。社交媒体上的展示和比较文化，以及对自身形象和社交表现的高标准要求，可能加重了人们对社交场合的担忧和压力，进而促使社交恐惧症的发生。

6. 技术依赖

对科技和虚拟世界的依赖程度逐渐增加，与人面对面的实际社交互动减少。缺乏实际社交经验和技巧的培养，使人们在面对社交场合时感到不安和困惑，增加了社交焦虑。

7.孤独感和社交孤立

尽管现代社会链接性强,但有些年轻人可能会感到孤独和社交孤立。这种孤独感可能导致对社交场合的恐惧和回避,进一步加重自我隔离。

8.情绪调节困难

社交焦虑者可能更不擅长调节自己的情绪,容易受到负面情绪的长时间影响,因此更容易在遭受负面事件后对社交情境产生回避(Morrison, A. S. & Heimberg, R. G., 2013)。

如何应对社交焦虑

社交焦虑是一种常见的心理健康问题,以下是一些应对社交焦虑的建议。

1.接受自己的感受

接受自己的社交焦虑感受,并不要对自己的感受感到羞耻或自责。认识到每个人都有不同的情绪体验,明白这是一种常见的情绪反应,而不是个人的缺陷。通过了解社交焦虑,你可以更好地应对和管理它。

2.意识到他人评价的局限性

理解每个人都有自己的价值观和观点,他们的评价并不一定准确或具有普遍性。认识到他人的评价只是他们个人的看法,不应过度依赖他人的看法来定义自己。

3.建立积极的自我认知

培养积极的自我认知和自尊心。关注自己的优点和成就,并接受自己的不完美。意识到自己的价值不是取决于他人的评价,而是建立在内在的自我认可和个人成长上。

4. 与支持性的人交往

寻找那些支持你、鼓励你的人，与他们建立健康的人际关系。与支持性的人交往可以帮助你建立更强大的自信心，同时减少对他人评价的过度关注。

5. 换位思考

尝试从他人的角度来思考，理解他们当时的言行可能仅是无意之举，并非对你的评价；另外他人对你的评价可能是基于他们的背景、经验和观点。换位思考可以帮助你看到评价的相对性，并减少对他人评价的过度反应。

6. 渐进式暴露

逐渐从小规模、相对轻松的社交场合开始，逐渐增加难度，慢慢挑战自己的舒适区。

7. 学习应对技巧

学习一些应对社交焦虑的技巧，如深呼吸、放松训练和积极自我对话。这些技巧可以帮助你调节身心状态，减轻焦虑情绪。

8. 寻求专业帮助

如果他人评价严重干扰了你的生活和情感健康，考虑寻求专业心理健康支持。心理治疗师可以帮助你探索担心被他人评价的根源，并提供适用于你个人情况的应对策略。

请记住，每个人都有自己的独特之处，你不需要取悦每个人或得到每个人的认可。重要的是相信自己的价值和能力，并为自己设定真实和积极的标准。

社交恐惧症如何评断

如果社交焦虑已经非常严重,则有可能患上了真正的社交恐惧症。根据DSM-5的定义,社交恐惧症被归类为一种焦虑障碍。根据该诊断标准,社交恐惧症主要包括以下特征。

1.担心被他人评价或评判

个体对自己的表现和行为过度担心,害怕被他人评价、批评、嘲笑或拒绝。

2.避免社交场合

个体常常主动回避或极力避免参与需要社交互动的场合,尤其是那些可能引起焦虑的情境。

3.干扰正常功能

社交恐惧症对个体的日常生活和功能造成显著的干扰,包括工作、学习、社交和人际关系等方面。

4.强烈的和持久的恐惧或焦虑

在社交场合中或面临与他人交往的情况下,个体经历强烈的恐惧或焦虑,且以上情况持续超过6个月。

社交恐惧症的产生原因是什么

社交恐惧症的产生原因是多种多样的,可能是遗传因素、环境因素和心理因素共同作用所致。以下是一些可能的原因。

1.遗传

研究表明,如果一级亲属也患有社交恐惧症,患社交恐惧症的风险会增加2~3倍。且在婴儿期就可能出现内省、恐惧等社交恐惧症的早期迹象。

2.社会经历

负面的社交经历可能会引发社交恐惧症，创伤或羞辱性社交事件与疾病的发作或恶化有关，特别对于人际敏感性高的人来说。

3.思维方式和心理因素

个体的思维方式和心理过程对社交恐惧症的发展起着重要作用。例如，过度关注他人的评价、过度自我审查、对负面情境过度担忧，以及对自己过高的要求等心理因素，可能增加社交恐惧症的风险。

4.文化影响

与社交焦虑症相关的文化因素包括社会对害羞和回避及羞耻感的态度。如果社会文化及父母养育强调他人意见的重要性并使用羞耻作为约束策略，则更可能导致社交恐惧症。完美主义也会助长社交自卑感和不安全感。

社交恐惧症如何治疗

本案例所描述的小美的情况如果持续时间较长，很有可能患上了社交恐惧症，需要进行专业的治疗。治疗社交恐惧症的方法包括心理疗法和药物治疗。以下是常用的治疗方法。

1.心理疗法

（1）认知行为疗法：这是一种常用的心理疗法，通过帮助个体改变负面的思维模式和行为模式来治疗社交恐惧症。疗程中可能包括认知重构、暴露疗法和行为实验等疗法，以帮助个体重新评估自己与他人的交往，并逐步面对恐惧的社交情境。

（2）社交技巧训练：通过学习社交技巧和增强社交能力，个体可以更自信地应对社交场合。这包括改善人际交往、有效沟通、放松技巧和自我表达等方面的训练。

（3）心理支持和心理教育：与心理治疗师进行心理支持和心理教育，了解社交恐惧症的特点、应对策略和自我管理技巧。这有助于增加对社交恐惧症的理解，并提供积极的心理支持。

2. 药物治疗

抗焦虑药物：医生可以根据个体情况考虑开处方药物，如选择性5-羟色胺再摄取抑制剂或苯二氮䓬类药物等抗焦虑药物，以减轻社交焦虑的症状。β受体阻滞剂可以用于减轻身体症状，如心跳加快和颤抖，帮助个体在社交场合更好地应对焦虑情绪。具体药物的使用须严格遵循医生建议。

3. 自我管理技巧

患者可以积极配合医生的治疗，同时保持身体健康，规律的运动、良好的睡眠和均衡的饮食有助于缓解焦虑症状并参考社交焦虑的应对方式。

每个人都有自己的成长和面对社交困难的步伐，我们需要给予自己更多的包容与理解，给予他人更多的支持和尊重。当面对他人的社交焦虑或社交恐惧状况时，我们可以通过理解和支持帮助他人逐渐克服恐惧，实现自身的成长和发展。

行为篇：陌生人的"另类"行为

Q1 如何看待有人在大庭广众之下脱裤子？

傍晚，小美走在回家的路上。此刻四下无人，再走两个路口就到家了。突然，前方蹿出一个身影在小美面前脱掉衣服，里面竟然一丝不挂。小美一时没能反应过来，整个人呆住了。小美的目光直直地盯着对方，两秒后才明白发生了什么，她想要尖叫，但是恐惧令她发不出声来，眼泪不受控制地往下流。她只得急匆匆地跑开。此后，每当小美经过这个路口总是忧心忡忡，害怕再次遇见那天的事情。

在一项对女性的调查访问中，有些受访者曾遭遇陌生男性对其展示生殖器的暴露事件。上文描述的情境可能我们听说过，甚至可能我们自己就是受害者中的一员，尽管如此，我们却对暴露者及如何应对暴露行为知之甚少。关注自身的身心健康需要我们更加积极主动地学习如何更好地识别暴露者，如何在暴露发生之时做好自我保护，以及如何在经历暴露事件后更好地调整自己的心态。

🌏 暴露者有哪些特征

在大家的印象中，暴露者通常穿着长长的大衣，突然在过路人面前脱掉衣服或者裤子。事实上，暴露者的暴露方式多种多样，比如，有些人会故意拉下裤子的拉链、将衣服扣子解开或用皮包遮挡以便朝女性敞开。

1. 暴露者大多数为男性

大多数暴露者为男性，他们通常选择在街上、公园里或者乘坐公共交通工具时进行暴露，便于藏匿。在公共场合需警惕这些行为异常者。暴露者在正常生活中与普通人无异，他们只会选择在陌生人面前进行暴露，几乎所有受害人都不认识暴露者。

2. 暴露者通过暴露自己的生殖器获得快感，暴露行为往往伴随手淫

除暴露生殖器外，暴露行为还往往伴随手淫。少部分暴露者会与受害者交谈，并可能伴随侮辱性言语，但一般不会追赶受害者，也不会对她们实施其他类型的性侵害。女性结伴或单独出行，都可能遭遇暴露者。

3. 男性暴露者更倾向于选择年轻女孩进行暴露

之所以更愿意在年轻女孩面前暴露，是因为年轻女孩更容易呈现出暴露者满意的表现，而不会令暴露者体验到挫败，例如面对暴露者，年轻女性更可能会尖叫，年长女性则不易受到惊吓，她们平静的态度令暴露者懊恼。

4. 男性暴露者渴望与女性建立情感关系

大部分暴露者渴望与女性建立情感关系并伴随着强烈的焦虑，在渴望亲密关系的同时，他们认为女性是坏的。还有一部分暴露者怀有对女性的潜在仇恨，他们通过暴露来释放这种对女性的排斥心理（Potik D & Rozenberg G，2020）。

5. 有追赶行为的暴露者具有更强的攻击性

一小部分追赶受害人的暴露者具有更强的攻击性（Szumski, F. & Kasparek, K., 2020）。这类犯罪者可能会对受害者进行口头侮辱，甚至企图进行身体接触，他们更倾向选择单独出行的女性。

6. 把暴露自己视为对父母权威的挑战

有些暴露者期待被抓住，把暴露自己视为对父母权威的挑战，在暴露过程中感受到自己的"无所不能"，从而获得心理的快感和满足。由于暴露行为取证困难，仅少部分受害者选择报警，因此暴露者的犯罪率非常高。

暴露者如何解释自己的行为

部分暴露者对暴露行为的认知与普通人是不同的，他们有一套"合理"的保护态度。

在一项针对暴露者的治疗访谈中，暴露者表达了对暴露行为的看法。暴露者否认暴露行为对受害者带来的伤害，并为暴露行为进行辩护。他们认为暴露是一种表达想要和对方发生性关系的好方法，甚至认为女性受害者也能在暴露中获得快乐，她们表现出的痛苦不是真的，她们都是在撒谎，受害者本人也要对这一事件负责。

有女性暴露者吗

与男性相比，女性暴露者更少，大概是男性的一半。当女性进行暴露时男性并不会感到被冒犯，因而更少有女性暴露者被捕，相关研究与讨论也并不多见。女性拥有更多的暴露方式，除了像男性暴露者一样穿大衣"闪现"暴露，还会选择掀裙子，或者穿非常暴露的衣服等。

部分女性暴露者对展示身体表现出非常积极的态度，甚至享受这种炫耀。让对自己感兴趣的人欣赏和肯定自己的身体，会使她们感受到"自我价值"。与普通女性相比，女性暴露者表现出更多与性有关的情感障碍，更容易进行高风险虐恋，也更倾向于从事卖淫、拉皮条等非法活动。

然而这并不意味着能将女性暴露者的行为归咎于人格，或者认为女性暴露者是咎由自取，不值得同情。相反，女性暴露者更需要关注与帮助。由于以上特点，女性暴露者更容易被操控成为非法性活动的受害者。

母女关系通常是引发与女性身体相关的心理问题的原因之一，在多起女性暴露者的自述中反映了这一点。她们在童年时期拥有过于软弱或糟糕的母亲，导致女儿产生心理问题（Holtzman, D. & Kulish, N., 2012）。

暴露癖如何诊断

持续的暴露冲动与暴露行为是病态的，根据DSM-5暴露障碍的诊断包含以下要点：

（1）暴露冲动和行为持续至少6个月；

（2）通过把自己的生殖器在不适宜场所暴露给毫不知情的人以获得性唤起或性满足；

（3）性冲动或性幻想伴随心理痛苦，或严重影响社交、工作和生活。

暴露障碍也就是暴露癖，属于性行为障碍的一种。暴露癖患者的暴露冲动通常非常强烈且自己难以控制，因此暴露行为也被视为一种强迫性的性需求，类似性成瘾（Swindell, S., et al., 2011）。

暴露行为背后有哪些原因

公众场合下的暴露行为给人们的生活带来了很大的困扰，它通常是由多种因素导致的，大致可以分为以下三类：生物遗传因素、心理因素和环境因素。

1. 生物遗传因素

暴露行为是由多种因素影响导致的。一些研究表明，性激素水平、神经递质如多巴胺等会参与性行为与性冲动的调节，这些因素出现不合理变化可能导致异常性行为的产生。遗传研究表明，个体的性行为和性取向可能受到一些遗传因素的影响，这些因素可能与性欲、冲动控制和对刺激的反应有关。也就是说暴露行为可能是暴露者的身体"生病"了，而并非只是他的主观意愿所致。

2. 心理因素

精神分析的观点认为创伤经历和童年糟糕的亲子关系可能是暴露行为的原因之一。早期的不幸经历给患者带来了深远的影响，导致患者的心理压抑和扭曲。由于长期不被爱、不被关注，暴露者在生活中体验到了被忽视的透明感，这种透明感的体验约等于精神上的死亡，而暴露行为能使暴露者获得他人的关注以便确认自我的存在，于是患者逐渐发展为暴露癖。

巴利尔认为暴露者像其他暴力性行为一样，不是为了谋求快乐，而是一种生存策略，用以释放紧张感来得到解脱。因此只要没有面临更重要的威胁，暴露行为就不得不持续下去（Smaniotto, B, Réveillaud, M., Dumet, N., & Guenoun, T., 2021）。

3.环境因素

外部刺激对行为的塑造有重要作用。暴露者的形成也受外部刺激的影响。在成长过程中，长辈、父母裸体出现，家人共用浴缸，或儿童早期性游戏中互相看对方的生殖器等暴露事件可能给患者带来了性快感，患者学会了通过暴露获取这种快感，导致其逐渐发展为露阴癖（Stroebel, S. S, et al., 2018）。

面对暴露行为，我们该怎么办

公众谈论起暴露行为时，通常使用一种戏谑的口吻，或者认为其没有实质伤害，然而受害人遇到暴露行为对其的影响和伤害是深远的。遇到暴露者的震惊和恐惧，可能让受害者无法立即做出应对。此时受害者的自我功能暂时受损，失去了思考和判断的能力，且注意力被吸引，不得不看到暴露者的裸体（Tuch, R. H., 2008）。通常来说，遭遇暴露者的受害者在三个月后仍对这一事件有强烈的情绪反应。学会恰当应对，会减少这一事件对受害者带来的伤害。

1.面对露阴行为时，我们建议如下。

（1）尽量保持理智冷静，不要尖叫，也不要回应暴露者，避免暴露者获取关注与刺激。

（2）保护自己的安全。如果你感到不安，立即离开该情境，确保自身安全。

（3）及时报警。暴露行为是违法的，在公共场所故意裸露身体，情节恶劣的处五日以上十日以下拘留。

（4）在保证自身安全的前提下，面对无威胁的暴露者可提醒其接受心理治疗。暴露者内心通常面对着严重的心理冲突，心理医生可以帮助他们识别和改变与暴露者有关的不健康的思维模式和行为模式。

2.曾经遭遇暴露行为，我们建议如下。

（1）若过去遭遇的暴露行为导致了严重的心理创伤，建议您寻求专业心理咨询师或精神科医生的帮助。他们有经验和专业知识，可以提供支持、指导和治疗方案，以帮助您应对困扰您的问题。

（2）积极寻求家人、朋友尤其是女性朋友的支持和帮助，与他人一起面对问题会让人感到更安全和有力量，并帮助您恢复心理健康。

（3）参加户外运动、亲近自然，通过减压行为帮助自己转移注意力，尽快走出心理阴影。

（4）提醒自己遇到暴露者不要感到自责或羞耻，这是行为者的问题，而不是你的错。

（5）如果您曾经遭遇暴露者并已走出这一心理阴影，可以提供帮助给那些受到同样困扰的人，给予他们支持和安慰，并鼓励他们采取行动。

如何治疗暴露癖

暴露癖是一种心理障碍，暴露者往往拥有强烈的内心冲突与精神紧张，为了缓解这种情绪会进行暴露行为以获得短暂的快感和满足感。大部分暴露者并不能意识到自己的"病态"并主动就医，长期反复的暴露行为不仅对暴露者本身造成困扰，在公共场所对陌生人进行暴露也会产生严重的负面影响。暴露行为侵犯他人的权益和尊严，干扰公共秩序并且属于违法行为。减少暴露行为的负面影响需要暴露者及时进行治疗。

1.支持性方法

（1）情感支持：暴露癖可能与许多情绪问题和精神困扰有关。因此，情感支持和治疗在整个过程中是非常重要的。治疗师及其亲友可以提供支持、理解和鼓励，帮助患者处理与暴露相关的情绪困扰和挑战。

（2）情绪调节和应对技巧：治疗过程中，治疗师会帮助患者学习情绪调节技巧，以处理冲动和缓解压力。患者也可以自行学习深呼吸、放松技巧、正念、情绪调节和应对策略等方法，帮助自己在冲动出现时保持冷静和控制情绪。

（3）建立健康性观念：治疗暴露癖还包括帮助患者建立健康的性观念，涉及对性教育和道德规范的认知重建，以及培养积极的性自我认同。

2.认知行为疗法

认知行为疗法是目前对暴露癖患者的主要治疗方法。认知行为疗法可以帮助患者识别导致其冲动的诱因，以更健康的方式管理这些冲动。具体方式包括认知重构、行为技能训练和暴露疗法等方法。通过这些方法，患者可以学会更健康的应对方式，并逐渐减少和管理暴露行为。

共情能力是影响暴露癖患者治疗效果的重要因素。心理医生通过谈话引导暴露癖患者澄清事件，使其考虑受害者的感受。例如询问受害者女性原本期待去做什么，她们的心情等，澄清暴露行为带来的影响等，以重新塑造暴露癖患者对暴露行为的认知。

3. 团体治疗

（1）精神分析心理剧小组，邀请暴露癖患者自己导演戏剧并扮演角色，戏剧内容和情节通常是对团体内成员经历的重演。这种治疗方法能使他们以新的视角了解自己和他人的故事，使暴露癖患者能对他人的处境感同身受（Smaniotto，B，et al.，2021）。

（2）参与其他支持群体或参与心理治疗小组活动，可以提供与其他人分享经验，获得互相支持和理解的机会。这种群体环境可以让个体感到被安慰，并从其他人的经历中学习和发展健康的应对机制。

4. 药物治疗

在某些情况下，医生可能会考虑将药物作为治疗暴露癖的一部分手段或方法。药物治疗通常针对患者伴随的焦虑、抑郁或冲动控制困难等症状。药物治疗通常与其他形式的治疗结合使用，由专业医生监督和管理。

因此，如果您或者您认识的人出现类似的行为，建议及时就医并寻求专业帮助。心理医生可以通过开展认知行为疗法等治疗方式，帮助患者对自己和社交事件进行重新评估，减少担忧和恐惧感，从而逐渐恢复正常的社交能力和自信心。同时，家人和朋友也应该提供支持和帮助，尽可能减少对患者的责难和挑剔，共同渡过难关。

如何正确看待暴露癖

在遭遇暴露行为时，我们一定要学会保护好自己，以避免不必要的伤害。另外，我们也要认识到暴露癖是一种心理障碍，这种心理障碍可能由多种因素引起，包括个人性格、文化背景、环境等多种因素，需要专业医生进行综合评估和治疗，我们也要尽可能地提供支持和帮助，让患者获得专业医疗和心理辅导，帮助他们恢复身心健康并逐渐摆脱这种心理障碍。

但与此同时，也不要过度纵容或宽容这种行为。在公共场合暴露身体会影响其他人的感受和权益，每个人都应该遵守社会道德规范和法律法规。公共场所也应当加强监管，提高大众的文化素质和道德观念，营造一个和谐、健康的社会环境。

总之，防止暴露行为不仅需要暴露者自身做出努力，积极就医，还需要社会的支持与重视。社会支持是一个综合的系统，需要政府、社区组织、教育机构、法律机构和个人的合作来实施。通过提供教育科普、支持受害者、强化执法、建立支持群体，以及提供培训和意识活动等措施，可以更有效地减少暴露行为及其带来的伤害。作为社会的一员，我们需要增强对暴露癖的认识，积极支持和引导性心理障碍患者寻求治疗，同时持有反对暴露行为、尊重他人隐私和尊严的态度，共同营造一个文明、安全的社会环境。

Q2 如何看待有人在街上对着空气自言自语？

小朋友们大多有过自言自语的经历，可能正在自娱自乐，自己陪自己玩耍，也可能正在给自己鼓励，一边吃饭一边夸奖自己"我真棒，可以自己穿衣服了"。长大后的自言自语似乎不再是一种"可爱"的举动了，甚至有些古怪。事实上自言自语发生的情况有很多，需要我们具体情况具体分析。

早上被闹钟吵醒，我们心里在想："好困呀，已经该起床了吗？再睡十分钟吧。"然后关上闹钟接着睡觉，下次铃声响起的时候，一边起床心里的声音一边在说："真不想去上班呀，今天要是周末就好了。"匆忙来到公司却发现没有带工卡，"哎，我怎么总是这么丢三落四，如果早上检查一下就好了……"这样的心里声音每时每刻陪伴着我们。当我们还是孩子的时候，我们会把这些声音说出来，但随着成长，我们学会让这些声音内化为"内部语言"。部分人依然保留着说出自我对话的习惯，甚至有意培养自言自语。

为什么有人会自言自语

在某种程度上说，内容积极的自言自语对我们是有好处的。

1. 自我对话的好处

自我对话可以调节思维和行动。我们的思维是流动的，自我对话能够帮助人们澄清问题，保持专注，或从沮丧或分心中恢复过来，对儿童来说是有效的学习工具，有助于儿童增强学习表现（Flanagan, R. M. & Symonds, J. E., 2022）。

（1）控制焦虑、树立信心：如果你需要当众演讲，相信你一定听说过一个技巧是"我叫不紧张"，积极的自言自语具有缓解焦虑、树立信心的作用。

（2）调节情绪、保持镇静：儿时的我们在遇到挫折感到伤心时会得到母亲温柔的安慰，而轻声自语有类似的作用，能够让我们得到安慰并平静下来。

（3）提高任务表现：自我对话经常用于体育运动中，引导运动员将注意力集中于当下情境，进行更积极的解释，以优化其任务表现（Hase, A., et al., 2019）。

2. 自我对话的坏处

内容积极的自我对话可以作为一种调整自身状态、优化表现的工具，而内容消极的自我对话会给我们带来一些负面影响，如自我贬低、情境后果的灾难化等。这种情况的发生可能与人格特质有关，例如神经质和悲观主义。

心理学家菲利普·津巴多（Philip George Zimbardo）给出建议，自言自语是正常的，但是如果自言自语的内容在贬低自己，那就是不好的，这会损伤自尊。当你的脑中有声音觉得自己不够好在贬低自己时，要拒绝这样的自我对话。

与此同时，确实有一部分人的自言自语是"不正常的"，他们并非"神经病"，而是精神类疾病患者，自言自语是疾病的症状之一。

疾病类自言自语的产生有哪些原因

1. 幻听、幻觉

精神分裂症患者可能会产生幻听、幻觉，在没有实际外部刺激存在时出现相关的影像和声音，且感觉清晰生动，不受控制。这可能使患者与脑海中的人物及声音对话，出现"自言自语"的症状。

2. 思维及言语紊乱

患者如果存在思维脱轨或联想松弛等症状，头脑中思绪不受控制，言语表达混乱没有逻辑，可能会出现毫无逻辑的"自言自语"现象。

3.思维奔逸、缓解痛苦

双相情感障碍（躁郁—抑郁）患者可能会在情绪波动剧烈时出现自言自语的行为。在躁狂发作期，他们可能会出现思维奔逸，即思维可能快速转换、跳跃，他们此时感到极度的兴奋和冲动，可能会不受控制地与自己对话并且会自笑。在抑郁期他们又会感到极度悲伤，自言自语是他们表达内心痛苦和不安的一种方式。

4.自我安慰与交流

自闭症谱系障碍患者的特征之一是社交和沟通困难。自言自语可能是自闭症患者在与自己的内部世界进行交流和自我安慰时的行为。

如何判断自言自语者是否正常

区分正常人的自言自语或疾病导致的自言自语有一个简单的标准就是主客观一致，也就是观察自言自语的人讲的内容是否符合客观现实。例如在谈话时对方突然转向空气对其讲话，而现实中没有第三个谈话者存在，这种情况就是不正常的，有可能是幻听幻觉导致。以上是判断自言自语是不是精神疾病导致的简单方法，疾病的诊断应以精神科医生的诊断为准。

自言自语患者如何治疗

根据主客观一致的原则，我们可以将患者分为两类并采用不同的治疗方式。

（1）自言自语内容与现实完全不符，需要及时到精神科就医，通过专业的精神治疗方法包括药物进行治疗。

（2）自言自语内容有一部分现实依据，患者为精神疾病亚型，此时可能是患者遭受了重大的人生变故，如亲人去世、战争、遭遇绑架、被虐待、被家暴等恶性事件，产生了心理和精神创伤，导致其沉浸在特定情境中进行自言自语。其言语内容是曾经真实发生过的、给患者造成伤害的内容，但并不符合当下情境。这种情况患者不一定存在精神问题，通过心理咨询、精神分析等疗法能够得到疗愈并改善精神状况。

遇到自言自语的人怎么做

现在我们了解了自言自语的"正常"和"异常"状况，遇到不同情况可以采取不同的应对方式。

1. 面对正常状况

尊重个体差异。自言自语可能是某些人表达自己、思考问题或积极暗示的方式。我们应该尊重每个人的差异，并避免对其进行负面评价或歧视。

2. 心理创伤导致的自言自语

（1）提供支持和理解：自言自语的人可能在面对困难或情感压力时使用自言自语作为应对机制。我们可以提供支持和理解，让他们感到被接纳和支持。倾听他们的倾诉，表达理解和关心，帮助他们走出困境。

（2）重建社会链接：我们可以与受到心理创伤的自言自语者建立良好的互动和支持关系，积极鼓励他们转移注意力，将对过去情境的关注投入当下的生活中。

（3）推荐专业心理咨询：鼓励他们积极配合心理咨询和疗愈，并推荐专业的心理咨询师帮助他们走出这段艰难的日子。

3. 遭遇精神类疾病患者的自言自语

（1）远离患者：在生活中接触到自言自语的潜在精神疾病患者，要保证自己的人身安全，快速远离，避免近距离接触与交谈。

（2）及时报警：在觉察到对方状态失常可能患有精神疾病，并可能行为失控扰乱社会秩序时，可以及时报警请求警方处理，或寻找其监护人对其监护看管。

（3）保持镇静寻求脱身：如果自言自语者强行拉住我们交谈，要保持镇静谨慎处理，不要激怒对方，防止其情绪过激产生攻击行为。尽量用"嗯嗯，对对"等简单词语敷衍应对，并寻找机会快速离开现场。

（4）及时送医：如果身边人出现了主客观不一致的自言自语行为，我们要提高警惕，及时送其就医检查并进行专业治疗。

Q3 如何看待有人在公共卫生间一直洗手？

大家都说小美有洁癖，经常看到她在盥洗室不停地洗手，一天要洗手十几次。而且每次洗手她都要用洗手液反复涂抹，擦洗多次。因为小美总是在洗手，她的手甚至有些发白了。有人说小美患上了强迫症，小美也开始产生疑惑。有时想着没必要洗这么多次，但是过一会儿就开始焦虑，觉得自己的手太脏了，会带来细菌和疾病，最终还是忍不住重复洗手。

经历过疫情，大家的卫生意识提高了，许多人开始随身携带酒精消毒液。我们也许会在身边发现这种反复洗手的朋友，他们可能被戏称为

"强迫症",那么真的是这样吗?

强迫症有什么特点

1.强迫思维

反复出现、令人困扰和难以控制的思维、冲动或意象。这些思维往往与强迫症患者内心的焦虑和不安有关。清洁强迫症患者会有自己被污染了的强迫思维,也可能涉及疾病、细菌。

2.强迫行为

这是指为了缓解强迫思维引起的不适和焦虑,患者进行的反复行为或仪式。强迫行为旨在减少恐惧和不安,但实际上并不能解决问题。这些行为就可能包括反复洗手、检查、计数、重复某些动作等。

强迫思维和强迫行为之间存在紧密的联系,它们相互作用。强迫思维引起焦虑和不安,而强迫行为则是患者试图缓解这种不适和焦虑的应对方式。然而,这种缓解只是暂时性的,随后患者可能再次经历强迫思维,从而再次引发强迫行为。强迫症患者通常清楚他们的强迫思维和行为是不合理或过度的,但他们无法控制这些冲动和反应。

如何判断重复洗手等清洁行为是否病态

只要出现强迫思维和强迫行为就患上强迫症了吗?答案是否定的,强迫症的诊断还需依据以下标准。

1.强迫思维和强迫行为的困扰性

正常人偶尔出现一些强迫行为是比较常见的。例如,某些人可能习惯按照特定的顺序整理东西,在疫情下严格消毒洗手。这些行为可能是出于安全感、控制欲望、习惯养成，或其他个人原因，并不对他们的日常生活造成明显的困扰或功能损害。

2.持续时间

强迫行为经常伴随着焦虑和困扰，但如果持续时间短，不引起严重焦虑等情绪障碍，也是一种正常的表现。在判断异常心理时，相关行为和心理的持续时间也是重要考虑因素，一般持续时间超过3个月，才会考虑相关的病理性诊断。

3.现实功能

强迫思维和行为是否具有现实功能也是重要的判断标准。在传染病高发期，疾控专家建议注重防控，勤洗手、讲卫生。这一时期更关注自身及家人的卫生，基本符合外界环境需求，并达到了一定的现实功能，这种行为就是正常的。

正常人的强迫思维或行为，通常是基于个人偏好、习惯、个人标准或环境要求，根据以上标准只要行为具备现实功能，或者次数较少、持续时间短，并未带来生活困扰，就可以不必担心。

强迫症如何治疗

强迫症的治疗通常采用综合的方法，下面是关于强迫症治疗的一些常见方法。

1.认知行为疗法

认知行为疗法是强迫症的首选治疗方法。它包括以下几个方面。

（1）认知重构：通过识别和改变不合理的思维模式和信念，帮助患者理解和调整对强迫思维的反应。

（2）暴露与反应防止：患者逐渐面对触发他们强迫行为的情境或思维，但是在不进行强迫行为的情况下，学习逐渐减少焦虑和不适的反应。这有助于患者逐渐改变对强迫行为的依赖。

（3）技能训练：教授患者应对焦虑和应对压力的技巧，包括放松技巧、情绪调节和问题解决。

2. 药物治疗

某些患者可能需要药物来减轻强迫症症状。常用的药物包括选择性5-羟色胺再摄取抑制剂和其他抗抑郁药物。这些药物可以帮助调节大脑化学物质，减轻焦虑和抑郁症状。

3. 正念认知疗法

正念认知疗法结合了正念练习和认知行为疗法的元素，旨在帮助患者观察和接受他们的思维、情绪和身体感觉，以减轻焦虑和应对强迫症症状。对强迫症患者在减少强迫行为、减轻焦虑和改善生活质量方面具有一定的益处。觉察和接受的态度可以帮助患者减少对强迫行为的依赖，并降低与强迫症相关的焦虑水平。正念认知疗法并不是单独的治疗方法，对于严重的强迫症症状可能并不足够有效，通常需要结合其他治疗方法。

4. 焦点解决短期心理治疗

这种方法强调在较短时间内达到具体的治疗目标，可以在一定程度上提供一种有针对性的治疗方法，以解决强迫症患者的特定问题和困扰。该方法侧重于潜意识和无意识层面的冲突和动机，试图通过解决这些冲突来减轻强迫症症状。它探索个体内部的冲突和阻力，以促进认知和情感的变化。需要注意的是焦点解决短期心理治疗并不适用于所有强迫症患者。强迫症通常是一种复杂的心理障碍，其治疗可能需要结合其他方法，如认知行为疗法和药物治疗，以获得更全面和长期的效果。

5. 支持群体和家庭支持

参加强迫症支持群体或与家人朋友进行交流可以提供情感支持和理解，患者可以分享他们的经验并获得鼓励。

最佳的治疗方法应该根据个体情况和临床评估的结果来确定。强迫症患者最好在专业心理健康专家的指导下，根据个体需求和治疗目标选择最合适的治疗方法。

如何看待有人在卫生间一直洗手

有人一直洗手可能是出于个人习惯、健康意识或强迫症等原因。对于这种行为，我们可以采取以下观点。

1. 尊重他人的行为

每个人都有自己的个人习惯和健康意识，我们应该尊重他人的行为选择，包括在公共卫生间一直洗手的行为。只要这种行为不会对他人造成不便或危害，我们应该尊重他人的决定。

2. 理解强迫症等病症

有些人可能有强迫症或其他心理健康问题，导致他们表现出过度洁净或过分关注卫生的行为。在这种情况下，我们应该保持理解和同情，不歧视或嘲笑他们。

3. 自我保护和健康意识

在公共卫生间中，洗手是保持卫生和预防传染病的重要措施。如果有人选择在公共卫生间一直洗手，这反映了他们对健康的重视和个人保护意识。我们可以从中得到启示，提醒自己在适当的时候洗手，关注自己的健康和卫生。

我们应该以包容和理解的态度看待在公共卫生间一直洗手的人，尊重他人的行为选择，保持自身的健康意识，同时也关注自己和他人的卫生和健康。

第三部

精心陪伴患病的亲爱家人

我们心灵如同一片天空，总是有阴有晴；我们的人际关系、亲密关系与亲子关系有如万花筒，每个人都能在其中窥见截然不同的形状和色彩；在那些"另类"之中，总是潜藏着一段被遗忘的故事。每一个独一无二的时刻，都值得被看见，看见他人，也看见自己。

或许还有一种情况让你感到无所适从。当我们最亲近的家人患有精神心理疾病，不仅患者本人的治疗与康复是一大难题，我们自身的情绪状态、生活状态也将面临前所未有的挑战。一方面，我们可能不知道如何理解家人的变化，如何与患者互动。另一方面，治疗费用和他人的眼光又让我们感到压力重重。有时候，我们甚至觉得自己才是更需要支援的一方。如果遇到这样的情况，请不要自责，你的心理需求与患者的同等重要。接下来介绍的知识和技巧可以帮助我们更好地关爱自己，更好地陪伴患病的家人。请记得，你并不孤单。

面对篇：坚定信心，拥抱希望

Q1 怎样看待精神专科医院/精神专科门诊？

在精神病学临床工作中，术语"精神疾病"和"精神障碍"常常作为同义词使用。由于缺乏医学意义上明确的疾病类别，在精神病学中更多使用"障碍"这一术语（陆林，2017）。

什么是精神障碍

有四种识别异常的标准。社会标准是基于每个群体所遵循的行为规范来定义什么是正确或错误的，偏离这些规范可能会被视为异常。统计标准是根据数据分析将与平均值偏差过大的情况视为异常。第三个标准侧重于个人感受，即当一个人的思维或行为导致其感受到压力时，可能需要考虑心理咨询。第四个标准是适应能力，指一个人是否能有效地使用自己的方法来适应生活环境（阿洛伊、雷斯金德、玛诺斯，2005）。

同时，我们必须认识到在不同的文化背景下，对正常与异常的定义会有很大不同，而且这些标准是不断变化的。单靠评分表或个人主观感受来判断是危险的。因此，综合使用这些标准来作出评估是必要的。

马厄（Maher）对精神障碍的定义做出了解释（1985），认为精神障碍行为有四种基本分类：一是有对自己或对他人有害的行为；二是现实适应能力差，如坚信不存在的事物，或感受到其他人未能察觉到的东西；三是情绪反应与个人的实际情况不相符；四是行为怪异，行为变化不规律和不可预测。

精神障碍在DSM-5中的定义如下：精神障碍是一种有临床意义的行为或模式，发生于个体，并伴有当前的痛苦（痛苦的症状）或功能障碍（一个或多个重要功能领域的损害），或存在严重增加死亡、疼痛、功能障碍的风险或自由的重大丧失。

此外，这种综合症或模式不应只被视作对待特定事件，如亲人去世的一种预期反应。应该认为它反映了个人在行为、心理或生物学上的功能障碍。

该状况既不属于异常行为（如政治性、宗教性或性的偏离），也不属于个体与社会间原有的冲突，除非这种偏离行为或冲突表现为前述的个体功能失调的症状。

怎么看待精神专科医院/精神专科门诊

人们常常把精神专科医院与"恐怖""冰冷""变态"这些极端负面的词相联系，很多患者和家属都敬而远之，十分抵触。就像电休克，不了解这种方法的人会觉得很吓人。但现在医院使用的是改良后的、可以针对专门脑区进行的无抽搐电休克治疗，使用前会做超短效的麻醉，然后通过电的方式给患者做治疗。实际上这种治疗是非常有效、非常安全的，患者打了麻醉药之后没有什么感觉。对于病情比较重、自杀风险高，或者用药效果不好的患者，这种治疗方式是极有效的。

家属总是觉得将患者送入精神专科医院就等同于"抛弃"他们，所以万分不愿让他们在"冰冷"的病房里独自面对，想要在家全心全意地照顾他们。但病情是否允许患者在家治疗？家属又是否有能力承担起这一切呢？当患者康复、生活的负担全部压在自己身上时，家属会变得痛苦不堪。所以家属不仅要了解患者的病情，知道自己的能力是有限的，还要对医院能做什么有一个客观的认知。

1.精神疾病患者何时需要住院

关于精神疾病患者的住院问题，医生会根据其病情做判断，家属一定要谨遵医嘱。需要住院的情况有以下几种：

（1）极度兴奋、冲动伤人；

（2）有自杀企图；

（3）拒绝治疗，家属又无计可施；

（4）诊断不明，需要住院观察以明确诊断；

（5）严重的药物副作用；

（6）多种药物治疗均效果不佳，需要住院系统调药。

2.精神专科医院/精神专科门诊能做什么

医院会提供专业的就诊服务、护理服务，同时也会为家属和患者提供教育培训的机会和健康科普知识。其中护理服务包括生活护理、心理护理、疾病发作期的护理和康复训练护理。

医院为了保证患者的安全、舒适，保证医疗、护理工作顺利进行，会定期召开患者公休座谈会——患者可以发表和讨论对病房工作、管理及医务人员服务态度等方面的意见和建议。成立患者委员会，患者可以协助医务人员参与部分病房管理，组织和开展患者的日常生活和活动。

在国内，目前绝大多数精神病院实施的是封闭式管理，这种管理方式能够对患者的日常行为与使用的物品进行严格控制。这种做法主要是为了确保患者的安全，防止他们对自己或他人造成伤害。鉴于患者的住院时间通常较长，他们的家属经常会担忧住院期间的饮食和住宿质量，以及与其他患者发生的冲突的可能性，这种担忧很正常。事实上，现今许多精神病院在环境与管理方面已经有了显著的改进，开放式管理正在被逐步采纳，旨在增加患者的活动范围，比如建设花园绿地、工娱疗室，同时为患者设置个人储物柜，公共电话等设施（陆林，2017）。

3.住院治疗的利与弊

对于需要入院治疗的患者，家属也需要理性看待住院治疗的利与弊（见表3-1）。

表3-1　住院治疗的利与弊

住院治疗"三利"	住院治疗"三弊"
（1）便于观察病情 （2）对于具有攻击他人、自伤自杀危险的患者，可以有效地保证患者的自身安全，也保证患者的家人及周围人的安全 （3）便于治疗。对于门诊患者，医生用药时往往比较谨慎，因为医生无法看到和及时处理患者服药后所出现的各种反应。患者住院后，医生就能够通过对患者病情的实际观察科学调节药量，并根据情况及时调整，以加快治疗的进程	（1）患者病重时，往往对医院有强烈的抵触情绪，甚至会引起患者与家属和医护人员之间的激烈冲突 （2）住院期间，患者的人身自由、家庭生活被剥夺，这些会侵害一个人精神活动的完整性 （3）精神病患者的住院时间较长，环境单调，这对患者的人际交往技能、学习工作能力都有影响，出院以后需要重新适应社会

住院治疗是在病情异常严重、家里无法维持药物治疗的情况下不得已的选择。作为家人，这样的送院治疗方式也许是"残酷"的，但为了患者的生命安全及病情的稳定恢复，送医治疗是必要的。

"患病是痛苦的，唯有治疗能带给你人生的曙光。说实话，刚刚住进医院的时候，我对周围的每个人都有敌意，我觉得他们会伤害我，但实际没有。每一位医务人员都特别亲切，他们会关切地问我，今天心情怎么样，还有没有幻听……再加上药物的作用，我的幻听越来越少，心情也不再像以前那么烦躁。经过治疗，我的思路变得清晰，变得正常，我好像回到了那一个原来的自己。"患者小林（化名）说。

当你真正了解精神专科医院是做什么的，放下偏见和恐惧，将精神专科医院看作一个保护性的、治疗性的场所，就像所有的通科医院一样，是帮助家属和患者的地方，才能真正信任医生、信任医院、信任医疗技术，也就能客观理性地看待家人患病的事实，早发现早治疗。

精神专科治疗和心理咨询有什么区别

精神专科治疗是指由有资质的精神科医生对患有精神疾病的患者进行诊断和治疗，一般包括门诊治疗和住院治疗。心理咨询是咨询师针对来访者在自我价值感、情绪压力管理、人际关系、沟通方式、职业生涯发展、自我探索等心理健康议题进行工作。具体区别有以下四点。

1.对象不同

精神科治疗的对象是有心理或精神疾病的人；心理咨询的对象一般不是患者，是精神状态基本健康，但存在心理冲突的亚健康人群。

2. 工作关系不同

精神科医生与求助者的关系是医生和患者的关系；心理咨询师和来访者是合作的关系，双方共同履行各自的权利和义务，积极合作，达成共同制定的工作目标。

3. 工作方式不同

精神科主要以药物治疗为主，心理咨询则是以对话与访谈的方式帮助来访者自己解决问题。

4. 专业职责不同

精神科医生一般具有医学背景，他们可以进行精神疾病的诊断，并且拥有处方权。心理咨询师是没有资质进行精神科诊断与治疗的。心理咨询师只能配合精神科医生进行辅助性质的心理咨询，无法替代精神科医生的治疗或心理治疗。

为什么总有家属不愿意让患者去精神科就诊

有一段时间，我觉得孩子有点陌生，总是把自己关在房间，也不和人说话。我想，是不是孩子最近学习压力太大了，过阵子就好了。

后来，老师找我聊了孩子最近的表现，说他上课总是发呆，和同学也相处不好……说实话，我担心极了，我看了很多与孩子教育、沟通的视频，问了其他家长，也找了医生朋友，他们建议我带孩子去医院看看，可我侥幸地想着，再等等吧，别去医院了吧。

慢慢地，我发现事情已经远远超出了我的想象。他开始又哭又笑、发脾气、摔东西……面对这一切我感到无措和害怕。这时，孩子的爸爸终于下定决心，在某种程度上，是他推了我一把，我们终于带着孩子去医院了。

带着孩子辗转各个科室，我的勇气被一点点消磨。大大小小几十个科室，数十项化验一项一项地做，每一次都祈祷能有一个结果。可到最后，医院的所有科室都转完一圈，只是得到了一个去精神科的建议。

直到我们进了精神科，甚至医生下了诊断，我还是不愿相信，"怎么会这样呢？""怎么可能是精神病呢？"可事实不是否认就能逃避的，如果我能够在一开始就接受他患病的事实，是不是就不用经历这一遭，也能早发现，早治疗了？

发病早期其实症状较轻，对患者影响较小，这个时期如果能够及时干预，预后是非常好的。

但很多时候，尤其是初次发病，患者家属会经历连续否认的几个阶段，直到退无可退才被迫接受家人患精神疾病的事实。

医生临床发现，大量的精神疾病，比如抑郁症患者，由于对抑郁症了解不足，以致没有得到充分的治疗，导致了非常严重的后果，耽误了生活，甚至出现自杀现象。如果能及时就诊或者有相关的知识储备，患者可能不会走上这样的路。

这种否认机制其实是人们自己的一套解决问题的方式，是面临重大打击时本能的反应。家属一定不希望患者有事，哪怕受一点点伤害，更不希望患者被贴上"精神病"的标签，于是潜意识里就会拒绝接受"家人可能患有精神疾病"这样的信息。即使家属已经觉察到了家人的异常，也会想方设法扭曲自己的想法、情感及感觉，来逃避心理上的痛苦；或将其"否定"，当作它根本没有发生，这样就可以不承受"抛弃"家人的愧疚。

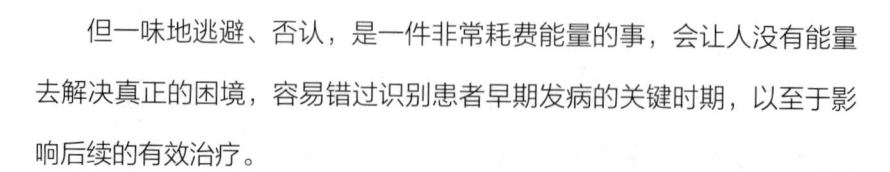

但一味地逃避、否认，是一件非常耗费能量的事，会让人没有能量去解决真正的困境，容易错过识别患者早期发病的关键时期，以至于影响后续的有效治疗。

需要强调的是，任何时候走进精神科都不晚。杜克大学名誉教授艾伦·弗朗西斯（Allen Frances）博士曾说"最危险的情况发生在你有精神疾病的家庭成员拒绝治疗的时候"。所以接受患病的事实，正视自己的否认心理，理性地、科学地看待精神疾病、看待症状，才能早发现，早治疗。

亲人患病，是你做错了吗

在患者最初确诊的一段时间里，或者每每焦虑、不知所措的时候，家属可能会陷入一种怀疑的情绪当中。

怀疑诊断——"怎么会是精神疾病呢？"，家属会带着患者检查其他任何可能的疾病，直到一一排除还是不死心。继而怀疑自己——"我到底哪里做错了？"，反复回忆过往的种种，觉得自己哪哪都做得不好，后悔的情绪反复折磨着家属。最后，怀疑信仰或命运——"为什么这么不公平，我的家庭要经历这些？"看到周围人过得很幸福，自己却深陷沼泽，会越发觉得不公。

在患者患病这件事上，我们不要区分是非对错。情感上看，所有的家庭都有自己的相处模式，每一个人的初心都是好的，都是爱自己的家人的，不要把责任归咎于自己或者患者身上。人非圣贤，怎能处处完满？这是我们生而为人必须经历的考验。科学上来讲，精神障碍与其他躯体疾病一样，均是生物、心理、社会（文化）因素相互作用的结果，不可简单归结为某一因素。

艾伦·弗朗西斯博士曾说过，"严重的精神障碍有多种原因。家庭压力，如果有的话，通常只是很小的一个因素。更常见的情况是，家庭压力来自个人的精神问题，而不是起因"。

严重精神障碍的成因很复杂，不能简单归结为家庭因素。相反，个人的精神问题往往会导致家庭中的压力增加，而不是家庭压力导致精神障碍。

所以，家属与其纠结、自责，沉湎于不可改变的过去，怨天尤人、自我怀疑，不如坚强起来。患者还要治疗，生活还要继续，积极应对、面向未来，才是现在该做的。

"我也不想要这样的家庭，但是没有办法选择父母。我能做的是坦然接受这一切，不再抱怨，不再因此自卑，我也不会因此受到伤害，情绪变得更加稳定。"这是一位患者家属的心声。在她很小的时候，她母亲就患上了精神疾病，她从小就活在母亲的控制和强迫下，胆小自卑，焦虑恐惧，情绪大起大落。她上学时被同学嘲笑，工作后也不会与同事、上司相处，总是被批评不懂合作。她的情感也不顺利，交往了几个男友最后都以"情绪化"为由而被分手。但当她学着接纳世事的无常，接受母亲患病，理解母亲在发病和治疗过程中也是很痛苦的，她不再被动地承受照顾母亲的压力，而是学习知识，付诸行动，与母亲一起面对疾病，一起成长。最后，她慢慢地走出了这个恶性循环，发现前面的种种努力都不会白费，而以后的人生也将充满希望。

Q2　如何在日常生活中发觉家人的异常？

精神障碍在发病初期较不容易被发现，但是依然有迹可循。一个人精神活动正常与否，一般应该从以下三个方面进行判断：一是与本人过去一贯的表现进行比较，精神活动是否具有明显改变；二是与大多数正常人的精神活动相比较，是否具有明显差别，某种精神状态的持续时间是否超出了一般限度；三是其行为表现是否与现实环境相符。虽然每一种精神症状均具有各自不同的表现，但往往具有以下共同特点：

（1）症状的出现不受患者意志的控制；

（2）症状一旦出现，难以通过注意力转移等方法令其消失；

（3）症状的内容与周围客观环境不相称；

（4）症状往往会给患者带来不同程度的痛苦和社会功能损害。

家属可以从上述几个方面对患者的表现进行判断，有助于尽早发现患者的改变。

我们或许会后悔，为什么到这个地步才发现他的改变？但其实家属不必绝望，现在还不晚。能在这个时候意识到问题已经是很好的了，接下来我们只需要按正确的方式去应对，陪同患者一起度过这段时间即可。在积极治疗、坚持服药后，治愈的希望是很大的。生活并非黯淡无光，让我们一起努力，把希望点亮。

面对不同病种，该如何识别

精神障碍是一种比较常见的精神疾病，该病的发病率在近几年呈现逐年增加的趋势。2019年由北京大学第六医院、中国疾病预防控制中心等多家机构发布的中国精神障碍流行病学调研显示，目前我国精神障碍的终身患病率高达16.6%，这意味着我们一生中有超过1/6的概率会患精神障碍。

常见的精神类疾病大致可以分为精神障碍、情感障碍，以及青少年情绪行为障碍。不同的疾病在症状表现上有着很大差异，但是几乎所有的精神障碍都可以通过仪表动作、言谈举止、神态表情及外在行为等展现出来。但是患者的症状并不会随时随地表现得非常明显，需要其身边的亲友、同学、同事等仔细观察才能发现。因此，如何识别发病的症状是非常关键的。

小文（化名），女，某中学高三学生。李琳本来是一个很活泼的学生，但是忽然有一段时间，学校老师发现她变得孤僻起来，不爱与人交往，经常逃课，上课时要么自言自语，要么忽然大笑。宿舍同学对她都不错，但她总是莫名其妙地指责别人说"为什么骂我？"老师觉得不对劲，找她谈话，她却回答说，班上有男同学喜欢她，女同学在嫉妒她，还有很多人在议论她、骂她，甚至怀疑有人在水中投毒。

案例中，李琳是典型的精神分裂症的表现。诸如此类的精神障碍，其症状主要分为阳性症状和阴性症状。

阳性症状：精神过度活动的一些表现，如幻觉、妄想、言语混乱和行为紊乱。

阴性症状：正常心理功能的缺失，涉及情感、社交及认知方面的缺陷。如意志减退、快感缺乏、情感迟钝、社交退缩和言语贫乏。除此之外可能还伴随一些焦虑、激越的表现，以及认知、自知力的匮乏等。

15岁的高一学生小丽（化名），近半年情绪极不稳定，时而高兴时而

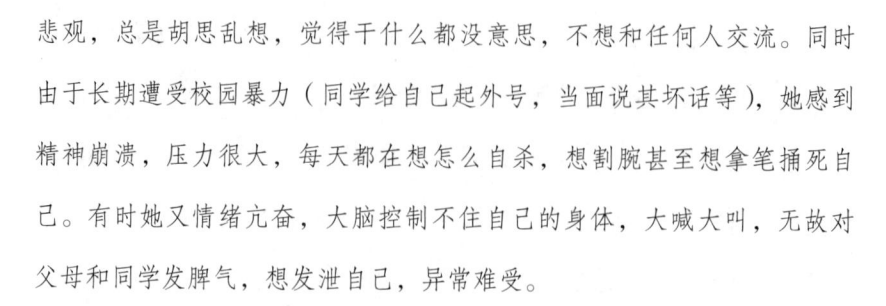

悲观，总是胡思乱想，觉得干什么都没意思，不想和任何人交流。同时由于长期遭受校园暴力（同学给自己起外号，当面说其坏话等），她感到精神崩溃，压力很大，每天都在想怎么自杀，想割腕甚至想拿笔捅死自己。有时她又情绪亢奋，大脑控制不住自己的身体，大喊大叫，无故对父母和同学发脾气，想发泄自己，异常难受。

关于儿童、青少年情感障碍，其主要表现有好奇心减退、焦虑、抑郁、强迫等。

当儿童、青少年有情绪障碍时，会因为神经系统的紊乱而产生抑郁心理，常表现为持久性情绪低落、不爱讲话等；此外还会有强迫表现，对于事情明知不必要，又必须这样做，反复呈现观念、情绪或行为的一种心理障碍。

处在儿童、青少年阶段的人群是在成长中动态变化的，即使在此阶段被诊断出上述疾病，也有可能随着年龄的增长在成年后不再发作。

小易（化名），男，48岁，病史25年，某公司老板。诊断：重度焦虑症，伴发惊恐发作。25年前患者因某次应酬喝醉酒之后出现心慌、胸闷、紧张、恐惧，自觉呼吸困难，濒临死亡，当时急诊120，到医院后在未做检查及就医之前，症状自行缓解。经过医生详细问诊及检查后，无碍，回家。后续敏感多疑，疑病观念明显，总觉得有心脏病没有被查出，整日惶恐不安，担心猝死。时有惊恐发作，惊恐发作时，有明显濒死感，呼吸不畅，大汗淋漓，舌头发麻，说话时口齿不清，四肢软弱无力，无法正常行走。在惊恐发作时，多次拨打120急救电话急诊就医。

焦虑、抑郁、躁狂等都属于此情感障碍范畴。这类疾病的症状大多是情感体验不同于常人。常见的表现有情感高涨或低落，并伴有思维奔逸或迟缓。

躁狂状态时患者会出现与所处环境不相称的心境高涨，比如，兴高采烈、易激惹、焦虑，严重者可出现妄想、幻觉等精神症状。

抑郁状态时患者情绪低落、苦恼、忧伤、悲观、绝望，兴趣丧失，自我评价低，严重者出现自杀观念和行为，病情呈昼重夜轻的节律变化。

除去情感体验的异常，患者还会伴随一些躯体症状，如睡眠障碍，早醒或嗜睡；进食紊乱，绝食或暴食。

需要强调的是，上述提到的症状表现并非诊断准则，只是患者患病时的一些典型症状。判断是否发病还是要根据症状表现持续时间是否够长（通常持续2周以上）进行考量，应以医嘱为准。如发现病发信号应及时就医（参见表3-2），早发现早治疗，治愈率会大大提升。

表3-2 常见精神疾病的症状识别

常见精神疾病的症状识别		
精神障碍	情感障碍	儿童青少年情绪障碍
· 阳性症状：幻觉、妄想、言语及行为紊乱 · 阴性症状：意志减退、快感缺乏、情感迟钝、社交退缩、言语贫乏 · 焦虑、激越、自知力减弱	· 情感高涨或低落 · 思维奔逸或迟缓 · 睡眠障碍 · 进食紊乱	· 好奇心减退 · 焦虑、抑郁（不爱讲话、情绪低落、失眠、思维缓慢等） · 强迫（执拗、重复行为等）

该如何应对患者发病

当家人不幸患病时，我们除了能尽早识别发病，还会想要了解该如

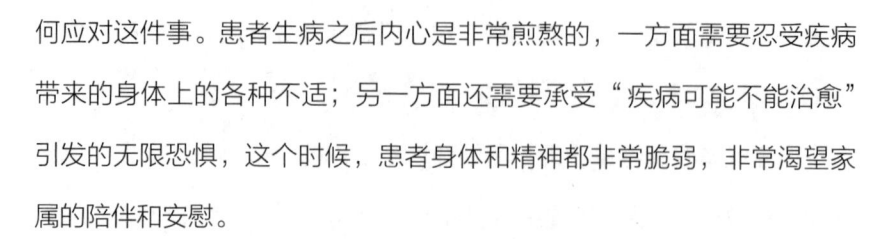

何应对这件事。患者生病之后内心是非常煎熬的，一方面需要忍受疾病带来的身体上的各种不适；另一方面还需要承受"疾病可能不能治愈"引发的无限恐惧，这个时候，患者身体和精神都非常脆弱，非常渴望家属的陪伴和安慰。

我们作为家属当然希望第一时间给予家人温暖、陪伴与支持，但针对不同程度的病情我们需要有不同的陪伴方式。

在发病初期和急性发作期，家属首先要保持一颗平常心来对待现状，摆正心态是家属应对的首要条件；然后便是陪伴，经历病症发作时的患者，生活的某些方面可能会受限，无法独自处理妥当，尤其是老人和孩子，他们的生活自理能力不足，而且情感比较脆弱。

对于胆小孤僻等性格内向的患者，有我们的陪伴也可以更安定、放心。此时家属的陪伴会让患者感到自己并不孤单，有力量可以与病症作对抗；在陪伴的过程当中，家属尽量去同理患者的感受，也就是我们常说的"换位思考"。

当患者在倾诉的过程中提及自残、轻生等危险的想法时，请不要慌张或迅速否定患者的念头，更不要责怪患者有这样的想法。先耐心地听患者把话说完，试着去探寻患者倾诉的背后原因。如果可以，请记得说一句"我知道你现在觉得很难过"。最后家属也要认识到自己的能力是有限的，在必要的情况下一定要及时送医寻求专业人员的帮助。

在急性发作期过后，患者进入缓和期和康复期，情绪、食欲、睡眠或者体力等各个方面都恢复到一个基本上比较正常的状态，这个时候除了每天要固定用药，还要把家人当成一个普通的正常人来接纳，这时需要注意不要因为"患者"这个身份就事事为他代劳，要帮助他建立独立自我。并且提醒他注意个人仪表和卫生，可以从收纳个人物品开始，逐渐进行一些打扫、整理类的家务，并且在患者做得好的时候积极予以鼓励和表扬。这样可以协助患者在恢复生活能力的同时建立信心，有助于患者回归社会。

由于患者需要长期服药，家属也可以帮助患者处理一些药物副作用带来的问题，例如患者感到口干时可以让其多喝水勤漱口，便秘时可为其准备一些高纤维促消化的食物，平时多买一些水果蔬菜等。在日常生活中，要注意与患者的沟通方式，协助患者进行合理的饮食搭配及规律的作息。

的确，陪伴患者与心理疾病作斗争是一场持久战，需要我们同患者一起努力。家属是温暖而坚定的存在，既可以在力所能及之处给予患者足够的支持，又能恰到好处地让患者独立自主。让我们与患者在前进的路上互相陪伴，共同寻找爱与成长吧。

Q3 家人意见不一致，如何与患者达成共识？

面对家人患精神疾病这件事，很多家庭都会经历最初的不敢相信、否认、逃避，再到被现实一遍遍冲击，在害怕、焦虑、悔恨中被迫承认这个事实。这个阶段有长短，还由于每一个家人的接受程度有高低，难免会发生矛盾和分歧，这个时候家属可能会问："他为什么不听我的？明明我都是为了这个家好……"

家属间意见不一致，怎么达成共识

"我的母亲患有严重的精神分裂症，但父亲说家丑不可外扬，不让我送母亲就医，我该怎么办？"

家属之间会产生分歧，有的人能够接受家人患病的事实，希望让家人尽快治疗，有的人由于害怕被社会、他人歧视而拒绝就医。每个人都有自己认为重要的理由，意见不一致是常有的。不仅是精神疾病，很多疾病都有这样的情况，无论如何，都要以患者的病情为先。

首先，家属要充分认识到因不愿"家丑外扬"而推迟患者就诊带来的后果是非常严重的，要明确自己和患者是否能够承担。

其次，家属要多听专业医生的建议，多学习、多了解科学的知识。当家属能够科学地看待疾病，设身处地地理解患者的痛苦，分歧自然而然会被化解。

最后，为了患者尽早康复，势必要做一些牺牲和妥协，但家属可以尽量将这种"家丑外扬"带来的歧视感降低。比如，家属不必大张旗鼓地将患者送医，可以在合适的时机同相对安全并理解自己的亲朋好友讲，以寻求支持。

与患者意见不一致怎么办

"医生建议住院治疗，但患者抵触住院，我心急如焚，不知道怎么办。"

是否就医治疗，家属与患者之间也容易意见不一致。很多时候家属接受了患病事实，但患者无法接受，或者反过来。

那么这个问题，我们该如何解决？

首先要明确的一点是，患者是否去医院就诊或者住院，必须遵医嘱。然后根据患者的接受程度，以及患者在不同的病期是否有自知力等因素，来具体分析如何与患者达成一致。

在发病早期、缓解期或者康复期，患者有能力权衡利弊，也有发表自己感受的权利，所以这时候家属应该在尊重患者想法的情况下尽力做思想工作，积极提供帮助。

可以用摆事实讲道理的方法，陈清利弊，也可以让平时在患者心中分量比较重、威望比较高的朋友、长辈，或信任的医生来尝试劝慰。

如果患者处于急性发作期，病情紧迫又不配合就医，家属可以请求专业机构（危机干预热线、社区医院、专科医院、急救中心、警察）的协助。因为这个时候，患者对疾病没有认知，缺乏自知力、自控力，这种状态下可能不具备自己做决定的能力。所以家属要担负起这个责任，遵医嘱，为患者做正确的选择，并且相信患者病好之后一定会理解家属的用心。

💗 全家一条心，共同对抗疾病

当患者生病后，家属的情绪本身就处于不稳定的状态，可能会面临崩溃，尤其还要处理家庭中意见不一致、相互埋怨或逃避的情形，对情绪干扰会更大。但越是这个时候，越要冷静下来，用良好的心态与家人沟通，达成一致，相互尊重。

良好的心态主要有以下三个：接纳心、科学心和勇敢心。

1. 接纳心

此时请给予患者足够的耐心。患者因为生病了，所以各方面都与从前不太一样，家属要尽可能不去评判、不去指责，而是耐心地陪伴患者，帮助他完成治疗的过程。

2. 科学心

家属需要了解患者现在经历的困扰究竟是什么，通过科学的渠道了解症状表现及治疗方法，并向专业的医生进行咨询、就诊，避免错过最佳治疗时机。

3. 勇敢心

每一个面临困境的人都不是孤军奋战，他们的身后有家人、有朋友、有医生、有老师。保持信心，相信自己和患者，勇敢面对，一定会取得胜利！

Q4 当家里有患者时，会生出一种病耻感，该怎么面对？

当疾病发生在肉体上的时候，我们觉得它是可以被接受的，当它是一个精神疾病的时候，意味着你没有控制好它，是你自己的问题。

我身边总是有人用"神经病"的口头禅攻击别人，有时可能只是玩笑的"深井冰"，在生病之前我不介意此事，生病后很长一段时间我对此字眼极为敏感。虽然"神经病"不等同于"精神病"，但其中表达的意思都是对精神患者的歧视，把各种不能理解的人或事都用此词来泄愤。

我很困惑，为什么一个人得了胃病，人们说他是胃病患者，得了心脏病，人们称呼他为心脏病患者，而不幸得了精神疾病，他们不说我是精神疾病患者，而是恨不得指着我说，你这个精神病/神经病。我们只是生病了而已……

自从我生病以后父亲就没有过过一天安生日子，还要面对别人无理的歧视。有时当我知道别人对父亲无理时，我就要提棍子去打他们，父亲只是无奈地说，别去了，少给他惹祸。那个时候我们父子相对，眼里噙满了泪花。

我觉得自己是一个怪物，没脸跟任何人说，害怕别人的歧视，害怕过那种没有尊严的日子……

以上是一些精神疾病患者的自述。他们和他们的家属都承受着强烈的病耻感。

什么是病耻感

病耻感，也称污名，是患者因患有某种疾病而产生的一种内心的耻辱体验。它会导致低自我价值、低自尊，并降低社会适应能力，影响患者寻求治疗或照顾好自己的能力。它会对患者社会功能康复造成不利影响。

林克（Link）将精神疾病的病耻感划分为三个类型（2001）：感知病耻感、实际病耻感和内化病耻感。感知病耻感是指精神疾病患者感知到的所谓"正常群体"对患病群体的歧视态度和行为；实际病耻感是指精神疾病患者因自身疾病而受到的不公正待遇；内化病耻感是指患者对前两种类型的病耻感做出的认知、情感或行为上的反应，主要包括自我羞耻感和自我贬低两个方面。

不仅是患者，家属也会因为家人患病而产生病耻感，将精神疾病的污名等同于家人的污名，等同于自己的污名，将他人或整个社会的负面感受内化为对自己持有的消极信念或态度。

虽然精神疾病只是所有疾病中的一种，但它所带来的病耻感远高于身体疾病。精神障碍通常是患病率高、疾病负担重、致残性高的慢性疾病。在所有类型的疾病当中，精神障碍的经济负担超过了心血管系统疾病、癌症、慢性呼吸道疾病和糖尿病（陈玉明，庄晓伟，2016）。精神疾病患者在各类疾病的患者群体中，受歧视情况较为严重，仅次于艾滋病患者，其病耻感水平比较高。无论生存于何种文化背景下，社会公众对精神疾病患者大多持有刻板印象和歧视态度。而只看本人也因自己的非正常表现，被"正常群体"排除在外（Jenkins，2009）。

病耻感从何而来

病耻感产生的原因主要是：社会歧视，缺乏社会支持，非理性信念的存在，集体主义文化背景，媒体的过分渲染。

而站在患者的角度，他们最直接地感受到歧视来自两类人：最不了解和最熟悉精神疾病的人。

1. 最不了解精神疾病的人

很多时候人对精神疾病患者的恐惧、攻击，主要源于对实际情况不了解，和对极端事件的恐怖印象。最不了解精神疾病的人会将患者视为洪水猛兽，秉持着一贯的社会偏见。所以，承认"我的家人是精神病患"这件事不是那么轻松的，随之而来的"精神疾病"所附带的一切偏见、歧视会如影随形。

"好心情"2022年发布的《数字化精神健康服务行业蓝皮书》显示：30%以上的精神障碍患者受到单位不公正待遇、被邻居轻视，以及恋爱和婚姻失败；85%以上的患者和家属认为社会歧视会对患者自尊心造成较大伤害；43%以上的患者和家属因为害怕遭到歧视而未进行及时治疗；56%以上的患者和家属因为社会歧视导致自身社交活动降低。

因为病耻感，家属很在乎别人的看法。人群中，他们不敢提及自己家里人的患病情况，怕说错话；工作中，他们很不自信，经常担心工作做不好；有些家属甚至出现精神衰退的状况。可是，越怕什么，越要直面自己的问题。如果太关注周围人的看法，就会变得胆怯；越怕歧视，越不愿接触社会。

这种情况下，家属可以逐渐通过信息交流，改变其他人对患者的看法，同时也要向他们表达自身的感受，如果他人并不在意家属和患者的真实感受，则可以把更多精力放在照顾自己和患者身上。可以扩展自己的交际圈子，用更优质的朋友关系提供情感支持。对疾病的康复而言，充满爱与尊重的安全的环境是有益于患者的康复的。如果改变现状非常困难，暂时的保持距离、避免伤害也是非常重要的！

2.最熟悉精神疾病的人

很多时候，病耻感不是直接来自那些不了解精神疾病的陌生人，而是来自最熟悉精神疾病的人。一项研究（Chuang，2004）指出，精神科专业人员对精神疾病患者的不当医疗行为，也是社会歧视中的重要组成部分，会给患者带来更大的痛苦。

除了医生，最熟悉精神疾病的人大多是家属，因为家属真实地亲历了患者发病到治疗的全过程，患者发病时不受控制的言行，难堪的、不愿回首的经历都历历在目。随着家属对精神疾病的了解越多，可能存在的病耻感就越明显（林海程、林勇强等，2010）。那种日积月累的不安、痛苦、内疚、羞耻，很长一段时间都无法排解，即使患者出院后仍会时常想起。有些家属时刻担心患者犯病，过度保护，小心翼翼地与患者相处。这些无意识的"特别对待"会让患者在感到被照顾的同时又觉得难堪，他们觉得自己一无是处，是家人的负累。

所以，家属应该要意识到，自己的病耻感可能会潜移默化地影响患者。只有调整好自己的心态，积极应对，才能给患者带来积极的影响。

要知道：

"拥有一个患有精神疾病的亲人并不可耻，他们只是生病了！"

"拥有一个患有精神疾病的亲人并不可耻，他们只是生病了！"

"拥有一个患有精神疾病的亲人并不可耻，他们只是生病了！"

重要的事情说三遍。

如何撕掉病耻感

1. 没有症状就没有歧视

积极治疗和康复。"患病多年后，我已对歧视不在意了。因为我康复得好，周围邻居、亲朋好友把我当正常人看待。我和他们相处得很好，见面打招呼、聊天，没有人知道我罹患精神障碍。"只要患者康复得好，那么病耻感自然而然会淡化。

2. 改变看待问题的视角

精神疾病不等同于患者，患者也不等同于家属。家属可以把精神疾病看作一片乌云，它短暂地停留在了你的家庭上空。但它是云，不是你的家人，它来了会走，你的家人永远在你身边。"他强由他强，清风拂山岗"，顺其自然，做该做的事情。

3. 发挥自身的优势

面对社会和他人的歧视，家属不是无能为力的。每个人的心理是有韧性和恢复能力的，每个人都有自己的人际支持系统和优势。因此，与其想"为什么他们要用异样的眼光看我？"不如学习知识，积极应对，利用自身的优势，来赢得尊重和友善。

4. 寻求支持和帮助

家属由于病耻感往往不愿与自己的亲朋好友诉说，寻求支持，那可以尝试与有同样经历的患者家属联系，相互支持，以减少孤独感、病耻感。

另外，如果自己的病耻感已经严重影响生活和照顾患者，可以寻求精神科医生或心理咨询师的帮助，他们可以运用一些专业的干预措施，帮助家属应对病耻感带来的负面影响。

5. 学会保护自己和家人

《中华人民共和国精神卫生法》第七十八条规定：违反本法规定，有下列情形之一，给精神障碍患者或者其他公民造成人身、财产或者其他损害的，依法承担赔偿责任……（三）歧视、侮辱、虐待精神障碍患者，侵害患者的人格尊严、人身安全的……

"不要觉得你必须隐藏家庭的精神问题",必要的时候可以拿起法律的武器保护自己和家人。

由于精神障碍这种特殊的疾病,少数人歧视精神疾病患者的现象固然存在,但是随着社会文明程度的不断提高,各方的不断努力,歧视会逐渐减少。《柳叶刀》在世界精神卫生日发表《结束精神健康问题污名化和歧视重大报告》呼吁,"各国政府、国际组织、学校、雇主、卫生服务提供者、民间组织和媒体需要在全球范围内采取积极行动,结束对存在精神健康问题的个体及其家人的污名化和歧视"。为精神疾病患者和家属共同构建一个没有污名和歧视的心理安全环境,患者和家属不必因为病耻感而羞于就医。早发现,早治疗,在"未病"的时候做好一级预防。

最后,作为家属一定要有信心,对社会、对医学、对患者、对自己都要有信心,能够接纳自己的家庭,接受患者患病的事实。要克服自己的病耻感,坚强起来,积极应对生活,进而给患者以力量。

界限篇：划定边界，携手前行

Q1 家属为什么要和患者设置边界？

安女士的女儿第一次患病时，先是睡眠不好，又出现幻觉，觉得被人跟踪，送医后，被确诊为精神分裂症，在那一刻，安女士感觉自己的灵魂好像从身体中抽离了，生命也瞬间变得黯淡无光。女儿是她的精神支柱，回想起从前，女儿性格开朗，爱唱歌，擅跳舞，现在却终日混沌，了无生趣……

在医院治疗一段时间后，安女士女儿的病情逐渐得到缓解，医生建议可以在家休养，但需要按时吃药，也需要定期到医院复诊。为了更好地照顾女儿，安女士辞去了自己奋斗已久的工作，决定把生活的重心全部放在女儿身上，每日在家一日三餐地照顾女儿，甚至连挤牙膏、拧毛巾、洗脸这样的小事都包办代替，生活中处处彰显着母亲对女儿深深的爱。可是，一段时间过后，安女士渐渐体力不支，继而出现头晕、心悸甚至失眠的症状，整天都觉得力不从心，觉得生活没有了希望。与此同时，女儿的状态似乎也出现了一些问题。

从这个案例当中可以发现，安女士将自己的全部精力都用在了照顾女儿上，最后却没有了自己的生活，导致自己的身心受到了伤害。

如何在护理患者的同时也照顾好自己的身体呢？关键的一点是设置好边界。

为什么要设置边界

每个人都有两种生存空间：物理空间和心理空间。这种空间与外界的界限，也称边界。相对于有形的物理空间，我们每个人还需要一个看不见、摸不着的心理空间，这个空间被一道无形的心理边界环绕着。其中的心理边界是指允许或不允许自己或别人做什么，就像红绿灯或一国的边境。合适的边界可以保护我们不会感到被控制、操控，可以保证彼此相互尊重，创造安全的环境。

当彼此都尊重界线，双方都会更愿意分享真实的自己，更愿意接受、信任对方。没有界线，就会分不清责任担当、过度掌控或顺从、过度承担或依赖，关系就会变得混乱、不稳定，久而久之，生活就会过得一塌糊涂。

大多数家属在刚开始时，都认为自己有一些界线，但随着事情的发展，渐渐会放弃一些界线，觉得为了患者的康复可以放弃一切，但最后让自己太过劳累、愤怒、怨恨，以致无法爱人、无法保持平和。

面对家属的无私付出，有些患者会感到极大的压力和内疚感，会觉得都是因为自己才使家属劳累，长时间负面情绪的累积只会造成病情的恶化；而有些患者会感觉到极大的无力感和愤怒感，觉得自己的一切都被家属决定，甚至连挤牙膏、拧毛巾、洗脸这样的小事都没办法自己做主，感觉自己就是一个废人。他们也许没办法通过语言去表达不满，只能通过比如摔门、发脾气，甚至绝食这样的行为来发泄自己的情绪。长期发展下去，心理问题只会越来越严重。

心理界限的存在其实是为了建立健康的关系，每个人都必须有属于自己的界限，它们传达了我们希望如何被对待的基本准则，让身边的人知道要用怎样的态度与方式与我们舒服地相处。设置合理的心理边界能起到保护的作用，让人免于受到伤害，明白哪些责任需要承担，哪些责任不需要承担。

设置边界对于正常人来说都很难，更何况是面对患病的家人。所以保持放松的状态，不要有太大的压力，慢慢来。在上述案例中，要明确哪些是安女士需要做的，哪些是她女儿可以自己做的，这样在帮助对方康复的同时也能更好地照顾自己，过好自己的生活。

细心照顾下，女儿为什么会失控

自从女儿生病后，安女士就一直事无巨细地陪伴在侧，担心女儿吃不好、睡不好，不让她做任何家务活，家里也不说任何和精神病有关的话题。在安女士的眼里，女儿离开她就不能正常生活了，她时常担心，现在自己还年轻还能照顾她，等自己以后老了她可怎么办呢？

有一天，安女士做饭时发现没有盐了，女儿想要出门帮忙购买，安女士一开始坚决拒绝，女儿自己一个人出门自己不放心，万一突然发病或者遇到危险该怎么办，但经不住女儿的再三请求还是同意了。

女儿很开心，买完盐早早地回了家，可安女士看到盐的价格后不禁嘀咕起来："唉，早知道就不让你去了，不当家不知柴米油盐贵啊。"但就这么一句话，好像深深刺伤了女儿的心，女儿声嘶力竭地怒吼道："是，我什么都不知道。自从得了这个病，我什么都做不好，我就是个废物，可你就能做好了吗？你口口声声地说爱我，可以为我付出一切，可是我感觉在你的爱里无比窒息，就像住在一个阴暗的牢笼里，一直被控制着，能做什么、不能做什么都不是我说了算，我活着还有什么意思？或者说，都是因为你，我才得了这个见不得人的病！"

安女士满脸震惊地看着女儿，完全不敢相信，这些话会从女儿的口中说出来，那一晚，在昏暗的灯光下，一个孱弱的身影在低声抽泣。安女士很受伤，她不明白，明明自己那么爱女儿，甚至可以为了她付出自己的生命，为什么会变成现在这样……

安女士很担心离开了自己，女儿就无法过上正常的生活，一方面，她接受不了女儿不能痊愈所带来的恐惧感；另一方面，减少对女儿的照顾会让安女士产生一种内疚感，认为这是一种自私的表现。非常值得肯定的一点是，安女士的精心照顾对女儿病情的好转起着非常重要的作用，但如此精心的照料最后换来了女儿的怨恨。

事实上，安女士的嘀咕只是女儿情绪失控的导火索，其背后更多的是由于女儿在做这件事时没有得到应有的尊重。当女儿受到鼓励去做一些事并收到良好的反馈时，她会重新获得自己的独立人格及对生活的掌控感，会变得更有力量和信心去面对当下的困难。过度的照顾和保护反而让她觉得受到了控制，这份爱也变得窒息。在康复的过程中适度地让患者做一些力所能及的事情，并给予相应的支持和鼓励，才能帮助患者更好地恢复。但是如果患者正处于急性发作期，思维方式还比较混乱，是没有自主能力去做一些力所能及的事情的，这个时候足够甚至"过度"的照顾还是很有必要的。

自从上次的争吵过后，安女士痛苦不已，她实在想不明白问题出在哪里。她担心是不是女儿的疾病复发了，于是去医院寻求医生的帮助。医生告诉她："你把女儿照顾得很好，但在这件事上没有守住边界，明白哪些事情该做、哪些事情不该做。你既想让她快点儿恢复，但又不想让她尝试做一些力所能及的事情，这是不是很矛盾？"

安女士听完医生的话后，恍然大悟，她习惯性地想要控制女儿，不仅让自己失去了正常的生活，也让女儿失去了对生活的希望。其实在恢复期让女儿做一些力所能及的事情去重新找回对生活的掌控感，有利于她社会功能的恢复。

之后，安女士认真反思了与女儿的沟通方式，并真诚地和女儿进行了交谈。通过这次沟通，母女俩更加理解对方的感受。安女士承诺以后会在尊重女儿个体独立性的前提下帮助她更好地康复，女儿也真诚地道了歉，并感谢这段时间安女士无微不至的照顾和关爱。

🌏 对划定边界，有哪些错误理解

很多家属不愿意划定边界，他们觉得患者需要自己，如果不这样做，患者就无法回归到正常的生活。甚至有些家属会觉得划定边界是一种自私的表现，是对患者的一种背叛，会产生愧疚感，害怕患者因此埋怨自己，远离自己，放弃自己……相较于患者，有些时候，家属更害怕被抛弃。

不合理的边界无形地渗透在我们所处的关系当中，不易察觉但让人深受其害。家属能够意识到边界对疾病康复的重要性已经非常厉害了，因为当家属能够敏锐地意识到这一点，并尝试去做出改变时，患者的病情一定会得到些许改善，家属自身的情绪状况也能得到很好的调整。

设置好彼此的边界，才能转危为机，成为更好的自己。

Q2 家属怎样维持良好的生活节奏？

维持良好的生活节奏对于每个人来说都至关重要，尤其对于需要照顾患者的家属。上节重点分享了设置边界对于患者病情恢复和家属维持自身良好生活状态的重要性，接下来需要思考如何划定边界才能更好地维持家属自身良好的生活节奏。下面将从日常生活、情绪和心态这三方面讲述如何进行边界的划分和相对应的调整。

● 日常生活如何护理

首先对于处在急性发作期的患者来说，非常需要家属的照顾，这时过分地强调边界和划定边界反而不利于患者病情的恢复。此时家属需要密切地关注患者的一举一动，一旦发现异常一定要及时就医。但凡事要量力而行，要在自身能够承受的范围内去为患者做一些事。家属参见表3-3，可从以下几个方面去护理患者。

表3-3　急性发作期护理准则

家属需要做的	家属不需要做的
（1）观察患者是否有自伤、自杀及伤人的行为，及时进行记录，必要情况下及时送医就诊 （2）密切观察患者病情变化及药物不良反应，如有异常，及时寻求医务人员的帮助 （3）将家中危险的物品，如刀、剪、绳之类的妥善保管，以避免意外事件发生 （4）帮助患者做好日常生活护理，如保持床单整洁干燥、房间保持通风、根据天气变化给患者及时增添衣物、提醒患者按时洗漱、定时更衣沐浴等 （5）饮食上注意营养搭配、为患者营造一个良好的睡眠环境，并提醒患者按时休息 （6）提醒患者按时按量吃药，未经医生同意，不可擅自减药、停药	（1）在自身身体撑不住的情况下，仍坚持照顾患者 （2）为了照顾患者，辞掉自己的工作，断绝自己的一切社交关系

处在发病早期、缓解期及康复期的患者一般没有自杀的风险，但以防万一，家属还是需要做必要的观察和防范。此外，还要让患者能够拥有一些私人空间进行自我调整，具体见表3-4。

表3-4　发病早期、缓解期以及康复期的护理准则

家属需要做的	家属不需要做的
（1）观察患者是否有自伤、自杀以及伤人的行为，及时进行记录，必要的情况下及时送医就诊 （2）密切观察患者病情变化及药物不良反应，如有异常，及时寻求医务人员的帮助	（1）全天24小时陪伴在侧（没有必要，会让自己很累，此外患者也需要一些独立的空间进行调整） （2）帮助患者做日常生活护理，如保持床单整洁干燥、房间保持通风、根据天气变化给患者及时增添衣物、提醒患者按时洗漱、定时更衣沐浴等（可以让患者尝试自己去照顾自己）

续表

家属需要做的	家属不需要做的
（3）提醒患者按时按量吃药，未经医生同意，不可擅自减药、停药 （4）陪伴患者进行适当的运动 （5）陪伴患者一起做活动，比如一起散步、读书、写字 （6）进行生活技能的培养，鼓励患者做一些力所能及的事情，如扫地、擦桌子等	（3）将家中危险的物品如刀、剪、绳之类藏起来，担心患者看到后会产生不好的想法（这样做不仅让生活变得不方便，也会让患者觉得自己的病很重） （4）让患者完全依照自己设定的"健康的生活节奏"生活，让患者没有任何自由选择的空间（会让患者觉得对生活失去了掌控感，反而不利于病情的恢复）

家属如何调整自身情绪

患者在患病期间，情绪方面会有很大的起伏，而这种情绪状态会影响家属自身情绪的稳定。急性发作期的患者更需要家属的关心，这个时候家属会很容易感到精神耗竭。但明确哪些情绪关怀是家属能够提供的，哪些是自身无能为力的，对家属自身情绪的稳定非常重要。当面对自己无法解决的情绪问题时，家属可以尝试进行调节，如适当运动、听音乐、转移注意力、冥想及找朋友聊天等。

家属心态做哪些转变

首先，家属需要明确一点，划定边界并不意味着对患者的抛弃。其次，自己的力量是有限的，当事情超出能力范围时，一味地坚持和忍耐只会让事情变得更加糟糕。划定边界，关注一下自身，照顾好自己，尊重对方的人格独立性和自主性，只有这样，才能让自己保持良好的生活节奏，也才能更好地照顾患者。

家属和患者如何相处

在疾病面前，所有人都无法轻易坚强，不管是患者还是家属都无比痛苦。患者承受着由疾病带来的身体和心理的各种不适，家属一方面担心患者的病情，另一方面要兼顾工作和照顾患者。在这种长期的高压环境下，患者和家属难免会产生一些不良情绪，甚至表现出一些不理智的行为，进而让关系陷入旋涡。那么，患者和家属如何才能更好地相处呢？

在急性发作期的时候患者家属要充分地给予患者理解与包容，如患者遭受重大精神创伤后发生了反应性精神障碍，尤其是老人和孩子，他们的生活自理能力不足，而且情感比较脆弱，很容易出现情绪不稳定的情况。此时，家属可以尝试站在患者的角度去理解他们所感到的痛苦，理解他们只是在通过这种方式抒发自己的情绪，疏解自己的压力，就像在生活中，很多人都把最差的脾气留给最亲近的人，这也是他们对家属的信任。

接下来，家属可以静下心来思考一下，当理解了患者负面情绪产生的原因后，为什么自己还是会有一些情绪上的不适呢？是不是最近的压力太大了？如果家属真的感到生气，甚至愤怒时，需要合理地去表达自己的负面情绪，真诚地与患者沟通，并在此基础上学习一些相关的方法、技巧去缓解自己的情绪。

对于处在发病早期、缓解期及康复期的患者来说，除了每天要固定地用药，家属需要把他们当作正常人去相处。在临床上时常会有一种现象，当患者处于神经症或精神病的康复期时，就会以康复为由，凡事都需要家属照料，这个现象叫继发性的获益。长时间这样下去，患者就会变得比较懒散，甚至情绪非常不稳定，可能会因为这些获益一直陷在那个症状里，自我内在的力量会被弱化，很多的社会功能慢慢地就丧失了。家属除了将患者视为正常人来看待，还可以在自己空闲之余陪伴他们一起进行恢复训练，帮助他们更好地回归社会。

总之，不管处于哪一个病期，都需要家属和患者划定好边界。家属需要明确哪些是可以帮助患者做的、哪些是需要对方自己做的，患者也需要明确哪些是靠自己去做的、哪些是需要家属帮忙做的。只有这样，双方才能维持良好的护理关系，从而更好地相处。

Q3 家属怎样和患者划定边界

划定边界前要做哪些计划

家属在划定边界前做好计划就显得非常重要，以便在付诸实践时做到心中有数。

1. 阐明自己的界限

家属可以尝试从回答以下这些问题开始，把想要提出的界限都一一列出来：

（1）哪些方面是我想避免的？

（2）从长期和短期来看，怎么做是对我的生活最好的？

（3）对需要我照料的人来说，什么是最好的？

（4）什么能让我感到安全？

（5）什么能让我感到愤怒？

（6）在这段护理关系中，我想要达到一种什么样的状态？

在设置界限的时候，家属应该考虑更多的是自己愿意接受什么，而不是患者会做什么，然后列出计划。有时候，两个人必须把各自的界限拿出来谈一谈，理解对方的立场，尝试做一些小让步。

2.考虑成本

家属在照顾患者时劳心劳力，在面临不能解决的问题时，会倾向于将其忽略，希望问题自己消失，有时也会继续采用一些从未见效的方法，期待奇迹出现，往往接着危机便会降临，情况会持续恶化。事后，家属会悔恨地总结道："唉，要是我多留心一点儿就好了，要是我早点儿想到就好了，要是我当时没有那样做就好了。"家属需要长期保持自己的界限，需要坚定地相信界限是必要的、合适的，只有清楚没有这些界限会付出的成本，才能坚定这种信念。等得越久，成本越高。

3.考虑可能的结果

家属和患者在划定界限的时候可能会发现，患者的行为没有好转，反而变得更糟糕了，可能一开始只是一些小的、温和的分歧，然后慢慢升级为威胁，这是面对界限时的一种常见反应，家属需要考虑所有可能的结果，并为此做好准备。

4.达成共识

不管是患者和家属还是家属之间都得在同一个理解层面上，有时患者会通过博取家属的同情来达到自己的目的，这时患者和家属或者家属之间的意见如果不一致就会导致非常多不必要的矛盾。所以，在划定边界时一定要确保双方都愿意，并且在对此有一个基本共识的前提下，才能达到比较好的效果。

划定边界时，提前做好计划，才能做到心中有数。

边界是一成不变的吗

在与患者划定好边界后，家属一开始还感到比较有信心，但渐渐地发现，患者的边界意识时强时弱，有时患者会好好表现一段时间，但有时在面对设置好的界限时又会想办法避开。当患者的界限开始瓦解时，家属也会渐渐地失去信心，变得难以把握边界，甚至有些时候会在无意间纵容患者越界。

这种边界的不稳定感在不同病期的表现程度不同。

在急性发作期时，这种不稳定感的表现比较明显。患者可能表现为有时极其需要家属，想要他们时时刻刻的陪伴，但在没得到及时和有效的回应时又会表现地极其厌恶他们，想要把他们推开。患者总是在这两种状态中反复摇摆，边界感极其混乱。这种状态在边缘型人格障碍患者中最为常见，而家属也会在这种状况下变得痛苦不已，无法坚守自己的边界。即使在这个过程中不断磨合找到了一个看似合理的边界，这种平衡也会因为病情的不稳定而被打破。

在发病早期、缓解期和康复期时，这种边界的不稳定感会少一些，但家属和患者仍然会不可避免地因为边界问题产生争吵。有的患者会希望通过生病来获取家属的关注和照顾，以便自己过上衣来伸手、饭来张口的生活，甚至是为了达到自己的某种目的，如不愿意上学、工作或面对一些人和事。有的家属过于担心，凡事都亲力亲为，甚至连日常生活的基本照料都帮助患者去做，在不知不觉中打破了患者的边界，让其丧失了独立性及对生活的掌控感。即使在这些阶段，患者的病情相对较轻，边界感相对稳定，家属还是需要根据患者病情的变化去调整彼此之间的边界。

在不同的病期，家属和患者需要保持不同程度的边界，但即使是处在某一病期，这种边界也不是一成不变的，也需要根据患者的病情和家属自身的状态进行不断的调整。

当患者和家属之间的界限被打破时，之前的一些沟通技巧都不如行动重要。这个阶段最重要的不是怎么说，而是怎么做。要让界限起到作用，家属就需要加强自己认可的行为——尊重、遵守界限。当患者越过了这个界限，不要在无意间加强这个倾向。保持清醒和冷静，才能更好地守住边界。

Q4 家属该如何保护自己的边界

患者在生病的时候，内心非常脆弱，非常需要家属的陪伴和照顾，但这样长久的照料让家属渐渐没有了自己的生活，身心非常疲惫，甚至有些患者只是通过生病来达到摆脱学习或工作上的纷扰的目的，患者对现实的逃避换来的是家属没日没夜的照料。对于急性发作期的患者来说，家属可能需要暂时牺牲一下自己的边界，但对于处在发病早期、缓解期和康复期的患者，尤其是当他们提出一些无理要求时，家属一定要做到及时察觉。那家属如何才能在照顾患者的基础上保护好自己的边界呢？

保护边界的技巧

1. 非强化场景

当家属听到令人不快的话语时，如果患者的目的仅仅是吸引你的注意，而非交流，你可以采取这种策略，但对于虐待行为及其他不安全行为，请不要置之不理。非强化场景的重点并非无视不讨喜的行为，而是不去理会，在调整的间隙，打起精神，深吸一口气，问问自己，是患者的生活中发生了什么，才让他说出这种话。

2. 不兼容行为

当家属不喜欢患者的某个行为时，引导对方转变方向，比阻止对方更简单。柔和地引导患者做其他事情，这件事情与当前家属不想看到的行为无法兼容。换句话说，就是两件事不能同时做。比如家属在做饭的时候，患者总在厨房里让家属陪他说话，这个时候，家属可以在厨房里清出一块地方，让患者洗菜切菜。

3. 鼓励非问题行为

这个技巧相当于强化所有家属不反感的行为。比如每当患者可以独自做一些事时，家属就要给予及时的肯定和表扬。任何时候使用这个技巧都不会有错，但研究表明，正确的时机会让强化更加有效。成功的关键是要在行为发生的当下进行强化。你也可以通过非语言方式进行强化，比如抚摸、靠近等，其实就是大量的正强化。

家属们，请记得，只有保护好自己的边界，才能更好地关怀自己，照顾患者。当事情不在自己的能力范围之内时，一定要及时寻求专业人士的帮助。

当家属侵犯了患者的边界该怎么办

患者在生病时，有些家属非常担心，这种担心甚至超出了理智的范畴。他们恨不得那个生病的人是自己，于是便开始没日没夜地照顾患者。如果患者处于急性发作期时还好，这个时候确实非常需要家属的照顾，但对于处在发病早期、缓解期和康复期的患者来说，这样的照顾反而是一种负担，过于侵犯患者的边界只会让他们失去自我。

有些时候，家属虽然能够意识到自己过于侵犯患者的边界，但没有办法控制自己。这个时候，该怎么做才能克制自己不去侵犯患者的边界呢？

增加某事发生概率的行为被称为正强化，而减少这种概率的行为被称为负强化。比如，孩子哭闹时就给糖，那孩子以后想吃糖时就会哭闹，这个就是正强化。孩子哭闹时不予理会，那孩子就会减少这种行为的发生，这个就是负强化。

当家属没有遵从界限时，也可以尝试这样的方法。比如，处于康复期的患者和朋友出门散步，家属非常不放心，一天打好几个电话，这个时候，家属可以通过转移注意力的方式，不给自己的这种行为正强化。也可以事先和患者商量，不接自己的电话，给自己的这种行为负强化。如果有紧急的事情，则可以通过患者的朋友联系。

但需要明确的是，在设置边界时需要注意一些细节定义，比如怎样才能算"紧急"。

切忌在这个过程中间歇性地给予回应，比如患者和家属商议，一天最多只会接家属的3通电话。但偶尔有一天，患者多接了一个电话，那

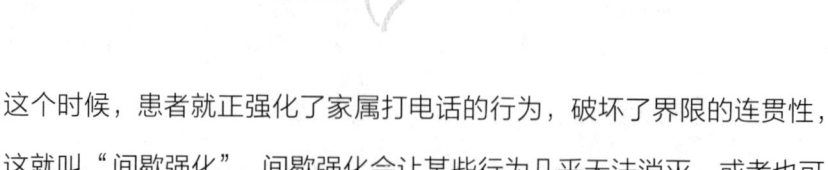

这个时候，患者就正强化了家属打电话的行为，破坏了界限的连贯性，这就叫"间歇强化"。间歇强化会让某些行为几乎无法消灭，或者也可以反过来说，间歇强化尽管只是偶尔给出正向回应，仍然是激励了某些行为。

一旦双方设置了界限，每当家属试图越界时，一方面需要控制自己的行为，另一方面协助患者遵守这个界限也很重要。刚开始的时候，守住界限会耗费很多精力，但从小事情开始做起，坚持下去，一定会有意想不到的收获。

康复篇：掌握技巧，用对方法

Q1 精神障碍患者能够复元吗？

长期以来，人们对精神障碍患者实现复元的态度倾向于悲观，但事实并非如此。

在美国佛蒙特州的一项研究中，哈丁（Harting）及其同事对精神分裂症患者进行了长达数十年的纵向队列研究，发现其中1/2到2/3的患者病情有了显著改善。荷兰格罗宁根大学施廷克·卡斯特兰（Stynke Castelein）及其合作者通过对一组慢性精神分裂症谱系障碍患者的长期随访，发现近40%的患者能够处于相当理想的复元状态，且其中近90%能够维持在这一状态。南佛罗里达大学研究员安德鲁·德文多夫（Andrew Devendorf）的研究发现，在曾经患有精神疾病的人中，大约2/3的人症状恢复较为彻底，他们不再符合某种特定疾病的诊断标准。

很多家属对于患者的康复存在一种"健康的幸存者偏见"，他们只看到了经过某种筛选而产生的结果，而没有意识到筛选的过程，因此忽略了被筛选掉的关键信息。即他们只看到了"精神疾病无法治愈""精神疾病伴随一生"这样的信息，而忽视了大量康复者的数据。

科学研究表明，在患病的情况下通过发挥自身长处和能力，过上有意义、有价值、有幸福感的生活是完全有可能的。因此，不要轻易放弃，悲观的情绪和认知是不利于患者康复的。

如何看待"康复"和"复元"

安东尼（Anthony）认为，精神健康"复元"："是个体改变态度、价值观、感受、目标、技能和职责的高度个人化的过程；是个体即使面对疾病所带来的种种限制，仍旧能够满足地、有希望地、有贡献地生活；是个体超越精神障碍带来的负面影响，重新发现生命的意义和设定新的生活目标。"复元，从单纯的疾病治疗扩展到如何与疾病和平共处，强调个体的生命经历和个人成长。

据安东尼（Anthony）、特纳－克劳森（Turner-Crowson）等人提出的康复理念和加涅（Gagne）及其他学者对复元的研究，李国威和莫妮综合提出了复元的关键原则和核心要素。

复元的原则：

（1）复元的过程并非一个直线的过程，而是充满起伏的过程；

（2）复元的过程应该有不同的阶段，病情拖得越久患者越脆弱；

（3）环境能够对复元过程有回应，且环境会与个人之间交互影响；

（4）患者在整个过程中的角色和参与非常重要。

复元的核心元素：

（1）重新获得希望和意义；

（2）以人为导向，鼓励和发展优势，而非缺陷，并且提升外在资源和环境的有利性；

（3）克服外在环境带来的污名化和其他创伤。

由此可见，家属不必追求临床上的绝对"治愈"，还应关注患者的社交、工作及个人的主观体验等。如果您的家人日常起居/自我照料，工作/学习/持家，社会适应良好，能够积极面对未来，充满希望和意义感，那么不必纠结"治愈"的问题，因为您的家人已然走出了疾病的阴霾。

需要明白，康复没有一个统一的模板，同样一套康复计划，最后达到的效果也是不同的。一方面，康复是基于个体的历史和现状，一个漫长且连续的整体过程，个体的差异性很大程度上影响着康复的时间和效果；另外，康复的资源，包括人际支持，环境的接纳程度等都发挥着重要的作用。

在此过程中，经历挫折和反复是非常正常的。有时我们可能会发现，努力了很久似乎只往前走了一小步，可是焉知这一小步对于整个康复进程来说不是关键的一步？我们的目标从来不是恢复到从前未生病的状态，过去已经成为历史，我们要向前看，在未来始终有一个健康的时刻等待着我们接近。保持积极的态度和信心，相信我们终将战胜疾病。

🍀 有助于管理症状及康复的策略有哪些

科恩（Cohen）等提出有助于管理症状及康复的八项应对策略，有助于帮助患者及其家属积极应对疾病。

1. 善用他人的支持

利用他人的支持，包括家人、朋友或专业人士，他们可以提供对症状恶化的客观见解，并在这些期间提供非判断性支持。另外，参与一个以恢复为导向的团体或组织，在那里他们与志同道合的人在一起，也有利于康复。

2. 规律服药

通过谨遵医嘱，规律服药，是维持或恢复稳定的关键部分。

3. 制定认知策略

在面对症状时使用的特定认知策略，包括通过他们的问题思维、其现实基础和可能的替代解释来系统化推理的方法。

4. 使用回避行为

避免饮酒和非法药物，避免出现个人感觉不好或被解释为混乱的情况。

5. 控制外界环境

调整环境以帮助预防、最小化或解决症状恶化。

6. 正念等练习

通过正念、冥想等练习缓解焦虑、压力，获得支持的方式。

7. 关注自身幸福

适当锻炼、健康饮食和规律作息对保持心理稳定或对抗症状具有重要作用。

8. 上班或继续上学

就业或继续教育，能让患者在社会环境中恢复，具有分散注意力的性质，同时也能提供归属感。

塞利格曼（Seligman）教授在《持续的幸福》一书中提到，人类的品格优势之一是勇敢。勇敢，是指在很不利的条件下，还能为达成理想目标而勇往直前。面对精神疾病的挑战，我们更要保持勇敢，勇敢接受正在发生的一切，也勇敢面对努力过、消极过的过去，保持积极的心态，谨遵医嘱，坚持治疗。要相信现代医学，有病就有治疗方案，即使当下无法很快痊愈，随着科学技术的发展，未来也一定会有新的方法。一起加油，会好的！

Q2 患者处于疾病的不同阶段，家属该如何调整自己的预期？

对未来有美好期待是人之常情，家属希望患者能够尽快痊愈，这更是情理之中的事。

家属也会想象患者康复以后的生活，希望患者能有一个美满幸福的生活，能适应这个复杂的社会。有时，家属不敢奢望患者能够恢复如初，只希望他们能够在自己的庇佑下，平安健康。反反复复的想法在家属脑海里不断盘旋。

在此，分享一位名为小勇（化名）的康复者的感受。

我曾经因为有病在身而苦恼，认为自己将一事无成，观念上舍不掉患病前的理想抱负，现实中又做不出让自己满意的实际行动，高不成低不就，如此昏昏度日许多年……然而现实终究是现实，幻想的种种终是虚妄。

希望不能脱离现实，在不同的时期，家属需要及时调整自己的预期。这样可以减轻家属的压力，定下切实可行的目标，才能更好地行动起来、坚持下去。

（1）早期：在一开始有症状的时期，大多数症状可能相对隐蔽。患者有些症状不易察觉，要及时发现，早发现、早治疗，才能有更好的治愈效果，才可以防止症状更加恶化。

（2）急性发作期：症状较明显，情况也相对严重。此时的患者很难控制好自己。家属需要及时调整心态，必要时接受住院治疗，根据医生的建议选择治疗方案。放低对患者的标准和要求，专业的部分交给医生，一切遵循医嘱，以患者每一天都有好转为目标。在这个时期，患者最需要做的是坚持治疗，家属最需要做的是配合医院治疗、遵循医生的嘱咐，坚持治疗，不要放弃。

（3）缓解期：在急性期之后，患者会有一个相对缓和的时期。此时患者从发作的状态逐渐趋于稳定，但还需要坚持服药，在医生的指导下继续治疗才能彻底稳定下来。在此时，家属的目标是防止再次发作，监督患者继续服药和治疗，并且及时识别信号，避免再次发作。

（4）康复期：在治疗以后，患者状况长期稳定的时期。状况已经相对稳定，更多的任务在适应社会生活上。

如果家属不能在患者所处的不同时期及时调整预期，对患者有过高或过低的预期，那么，当预期和现实严重不符时，往往会产生很大的压力，这份沉甸甸的压力常在家属心头压得他们感到无法喘息。所以在不同的时期及时调整自己的预期是非常有必要的，希望是依托现实产生的，不能全凭想象，要结合实际的生活和所处的时期。

目前已经证实，有70%的精神障碍患者能临床治愈，这样的数据足够让大家相信，精神障碍可防可控可治，同时也要对科学、医疗的发展和进步有信心。拥有发自内心的爱意与温暖，这是最大的心理能量。

摆正心态，立足现在，调整预期，相信未来，这样一定能够赢得最终的胜利。

Q3 患者的状况起起伏伏，家属该怎么调节情绪？

在治疗过程中，患者的状况难免有所起伏，接纳治疗过程中的起伏是家属的必修课。病情的起伏对家属的生活会有一定的影响，家属也难免会因此对患者产生更多的担忧。

☞ 如何避免被不良情绪影响

首先，家属要做到真正意义上的接纳。真正的接纳也体现在对波折的接纳上。

其次，家属要多关注、觉察自己的心理状况。

在遇到这样的问题时，多问问自己，今天高兴不高兴，这就是觉知，不能总是忽略自己的心情，无视自己的需要，必要时需要自检一下自身是否存在不良情绪。

最后，对抗疾病的过程是一场"持久战"，要尽量减轻因患者病情起伏而对自身造成的消极影响。

☞ 当家属已经被不良情绪影响到了生活，怎么办

1.转移关注点

从只关注疾病慢慢地转移到关注生活，学会退后一步，用爱好分散自己的注意力，让思想和精神焕发活力。

2.让自己休息一下

通过冥想和正念来增强正能量。瑜伽是保证身体健康的同时还能练

习正念的绝佳方式，在日记中记录想法和思想也是一种非常好的方式。

3. 树立自信心

尊重自己，树立自信心非常重要，每天多给自己打打气。推荐一个小方法，就是蝴蝶抱，每天抱抱自己会让自己好很多。

4. 听音乐

心理咨询中，有一种疗法叫音乐疗法，听音乐可以释放自己的压力，从而让自己的负面情绪得到好转。

5. 怀有感恩之心

很多时候，当人们面临心理健康挑战时，往往更多地关注生活的消极面，进而加剧了负面情绪。为了减轻这种不良情绪，可以尝试感恩生活中正面的元素，比如通过写感恩日记培养积极的态度，这样有助于缓解压力，并改善负面情绪。

6. 锻炼身体

健康的身体是维持大脑健康的前提。通过每日锻炼，不仅可以维持身体健康，还能促进快乐激素多巴胺的分泌，从而改善心情，对心理健康亦大有裨益。研究发现，持续8至24周，每周进行2至7次，每次45至90分钟的有氧运动和瑜伽等活动，可以有效地提升幸福感，并减轻抑郁与焦虑症状。此外，进行中低强度的运动也能激发大脑的活力，帮助抵御负面情绪的影响。

7. 户外运动

确保每周安排一些户外活动时间非常重要。在户外，我们可以呼吸到新鲜空气并享受阳光。作为自然界的一员，与大自然的亲密接触有助于开阔视野、洗涤心境、缓解疲惫、降低压力感，以达到促进身体与心理健康的效果。

8. 找亲朋好友聊天/出门休闲娱乐

觉得心情烦闷的时候，可以找人聊天，或者拉上可信赖的亲朋好友出去休闲娱乐，很多时候，休闲娱乐可以减轻很多烦恼。

9. 进行心理咨询/治疗

如果觉得以上方法都没办法帮助自己缓解负面情绪的话，必要时可寻求心理咨询师或者相关专业人士的帮助。

总之，即使在生活中遭遇疾病的挑战，也完全有可能幸福快乐，复原力、乐观、希望、智慧、社会支持及其他积极因素是患者的有力武器，请相信患者可以在家属的陪伴下获得这些最有力的武器。即使当下感到长夜难明，也终将见到黎明的曙光。

家属对未来没有希望，该怎么调节

过去已然是曾经的经历，接下来的生活才是人生全新的篇章。

作为家属，接受患者患病的事实以后，应该正确看待这件事情：即使是患病的人也应该有自己的生活。疾病的治疗需要时间，同样地，回归正常生活也是一个长期的过程，不是一蹴而就的，家属需要有这个心理准备。最后，回归正常生活并不意味着恢复以往。我们需要接受这个看起来有些残酷的事实，不应该全然沉溺于过去，人总是要往前看，相信事情也是不断向前发展的，康复是完全可能的。

身为家属，可以有以下做法。

1. 接纳现实

生病之后，很多事情和以往有所不同，生活必然会产生变化，家属需要接受这样的现实。

2. 转换视角

当家属沉溺于"患者患病，生活变得艰难，人生像是经历了巨大的创伤与灾难"时，往往会忽略在克服困难过程中，家人之间互相关心陪伴的美好瞬间。家属可以把重点放在应对病症本身上，这样有利于恢复，也能减轻生病对整个家庭生活带来的影响。

3. 承担责任

家属可以选择帮助患者自己承担责任，在合适的时机给患者自己照顾自己的机会，让患者学会过自己的生活，而家属也需要在照顾患者的同时不全盘放弃自己本来的生活。

4. 横向比较

患者的人生不会因为患病而结束，生活中有很多人都遇到各种各样的磨难，每个人都不见得过得轻松、容易，但他们并没有因为磨难而自暴自弃；相反，在经过磨难的历练后，凤凰涅槃，重获新生。人生远未结束，相信才能有柳暗花明的机会。再者说，精神疾病相比其他有很大生命危险的病种，已经有很多治愈、康复的机会与希望了。

5. 寻求支持

在资源中获得支持与自信。不论是朋友还是亲人，抑或是同为患者的家属朋友们，只有寻求大家的支持，互相搀扶，才能更好地共同渡过眼前的难关。

"进取不应该是未病人群的专属，也应当是康复者自我实现的途径。也许我们不能从事患病以前的工种，或者不能胜任患病以前的强度，其实无妨，并不是只有完全跟以前一样才叫作康复。事物总是发展变化的，人人都不可能回到过去，新生也是一种成长。"一位与精神疾病抗争多年的朋友小山（化名）这样分享。

疾病虽难治愈，但岁月不曾为谁停止，不沉湎于过去，认真过好当下的生活就会有美好的未来。现实已经难以改变，但未来的主动权掌握在现在的人手里。过去已逝不可追，当我们放眼未来，皆是坦途。

生活从来不会回到过去，重要的是一起向未来。

Q4 家属需要了解哪些关于服药的知识？

治疗精神疾患的药物，分为抗精神药物、抗抑郁药物、抗焦虑药物和心境稳定剂四大类。就医时医生会根据患者的病情选择合适的药物，无论哪一种药物都需要坚持服药才能得到良好的治愈。"坚持服药"这四个字听起来容易做起来难，很多人认为当没有症状表现时就可以停止服药了，甚至会认为"是药三分毒"，能少吃一天就少吃一天。这样的思想是不科学的！研究表明精神疾患如果不遵医嘱擅自停药，会增加再次发作的可能，而且后续的发作有可能会愈演愈烈，这是谁都不想要的结果，所以在此呼吁大家要正视用药方法，一定要遵医嘱服药。

药物可能会引起哪些副作用

常见的药物治疗可能会引发的副作用，主要有坐立不安、困倦乏力、烦躁易怒、头晕目眩、体重改变、便秘口干等。药物治疗确实会引发一些副作用，但是我们需要科学看待，了解、学习药物的相关知识。副作用并不是每个人都会遇到的，会根据体质有所不同。有些患者在服药后不会有任何不适，但有些患者的反应可能就会比较明显，这是因人而异的。而且，即使身体对药物有所反应，也是暂时的。研究表明，副作用一般在服药初期会比较明显，在身体慢慢适应药物后（7~14天），不适应便会慢慢减弱，甚至消失。因此，在服药期间如有任何反应，建议及时与医生沟通，确认是副作用导致的还是病症的表现，确保治疗的效率及效果。

❤ 进口药一定比国产药好吗

药物的价格并不是衡量药物质量好坏和安全与否的标准。价格取决于研制过程的花费、生产的成本等各种因素，而药品的质量和安全性取决于药品的治疗效果。并不是价格高的药就一定治疗效果好，适合患者的才是好药。所以在选择药物时还是以医嘱为准，不要随意更换药物，更不要擅自停药。

❤ 不同的医生开不同的药，该相信谁

一些患者为了让自己更加安心，会选择其他医生再进行一次诊断，可结果发现其他医生做出了不一样的诊断，而且开了不同的药物。这时，家属和患者往往会感到非常困惑，甚至有些怀疑医生的专业性。当这种情况发生时，首先请不要慌张，由于每个医生的经验背景不同，治疗思路也会有所不同。这些情况都会导致开的药方不同，我们要正确认识医

生的局限性。其次，医生在开药的时候也会综合考虑我们的需求，比如经济承受范围、家人的身体素质、家人想要治愈的迫切程度。但有些时候，一些医生也会出现误诊的情况，比如由于自身知识经验不足而诊断错误。此时，为了以防万一，在有条件的情况下预约其他医生进行再次诊断也是可取的。

精神疾病常常呈现出多样化和复杂性，存在大量的不确定因素。尽管一种疾病可能有多种治疗方法，医生所推荐的最佳方案总是能最大程度与患者的具体情况相契合。总而言之，最重要的还是遵医嘱用药，与医生积极沟通，才能最大化治疗病症。

Q5 家属如何与不同阶段的患者沟通？

不知何时起，家属与患者的沟通变得比以前困难了，总是会无端地引发争吵、流泪，最终不欢而散。家属心里也知道，或许是患者生病的缘故，造成思维、情感、意志和行为方面的不同而导致如今这番现状的。家属会感到无奈，有时也常常忍耐患者的无理取闹，甚至积攒了一肚子的委屈无人倾诉。但每当他们想到，患者的言行举止是由于生病而不受控制时，是否也可以暂时放下埋怨，了解一下该如何对待患者呢？处于不同病期的表现是有所区别的，因此沟通方式也要择时转换。

当患者处于发病早期时，家属往往容易忽视。可能在他们看来，患者只是与以往的表现有些不同，甚至对于这样的变化摸不着头脑。但是在对精神疾病有更多的了解后，就能更加准确地判断患者是否处于发病早期。这个阶段，家属可以采用"以退为进"的沟通方式。"退"是尽量少地表达自己的观点，转为多观察患者的行为、多倾听患者想要表达什么。这样既可以在一定程度上减少彼此发生冲突的机会，又可以了解患者内心的想法。这样或许可以尽早得到治疗，控制病情的恶化。

若患者已经处于特征明显的急性发作期时，家属则需要更加谨慎地采取适合患者的沟通方式。表3-5（王栋，2015）列出了针对不同病症的沟通要领可供参考。

表3-5 应对不同症状类型的沟通技巧

症状类型	沟通要领	话术
兴奋躁动	交谈时态度和蔼、亲切、耐心，尽量不要与其过多地交谈或争论，更不能因为他的夸大言语而讽刺、嘲笑。当患者话特别多时，可采用引导、转移注意的方式	简短、温和、不带定论性质和负面性质的规劝："说这么多你一定累了，休息一下吧"
幻觉类	安慰患者，不要与其争论；肯定并表示理解患者的态度；共同讨论症状	"为什么多数人都没有"此类语言，让患者自主思考
妄想类	做到"不争辩、不议论、不解释"；既不试图说服，也不附和；持中立态度，列举事实、提出疑问，让患者思考	暂无
抑郁自责	谈话时多鼓励少打断，认真倾听他的症状细节，但无须作评价；不要用自己的经验去否定他的遭遇；不要故作轻松；不要拿"事实"说话	"你可以难过，也可以不难过，但我们都还是会一样关心你"，把"应该"语句换成"可以"语句；尽可能使用"肯定句式"

续表

症状类型	沟通要领	话术
反复要求自杀类	谈话时要表现出关心，提供不评判、不指责的支持，以开放的心态倾听；要敢于讨论自杀，主动涉及症状，促使患者重新思考；加强看护，防止意外事件发生	问开放性问题："什么事让你心烦意乱"；说话要清晰直接："……如果有自杀倾向，请告诉我"；允许沉默，不要试图揭穿对方
敏感多疑	宽慰、安心和承诺，向患者提供支持、保证，降低其焦虑及不安全感；家庭成员之间讲话时尽量不要回避他，减少患者的误解	多用表示肯定的肢体语言
易激惹类	谨言慎行，对症状本身不予反驳、辩解；要让患者知道他的感受是真实的，对此表示关心理解	主动回避，投其所好，连哄带夸

在急性发作期后患者会迎来缓解期，这时患者已经逐渐恢复常态，因此我们的沟通方式也可以从小心谨慎逐渐归于正常。我们可以尝试询问患者的看法，甚至可以让患者独立处理一些问题，逐渐恢复社会功能。在这个时期我们需要注意"继发性获益"现象，也就是说患者会"享受"之前被体贴照料的感觉，从而一直陷在病症里，社会适应能力会慢慢丧失。因此，我们需要适当给予患者自主性，这也是帮助患者尽快恢复的方式。

最后是康复期，当患者处于康复期时，我们基本上可以用对待常人的方式对待患者。在积极配合治疗，坚持吃药维持的情况下，我们已经可以与患者正常沟通了。尽管患者曾经生病，但是也会有康复的一天。我们无须将生病的过往一直记挂在心，时刻注意与患者的相处。只有我们以平常心对待，才能更好地帮助患者回归社会，继续生活。

针对不同时期采取不同的沟通方法是很有必要的，沟通一直是我们与他人相处的重要一环。注意自身与家庭成员的沟通中出现的问题，重新开始，从心出发！

Q6 家属如何在患者不同阶段做好防范？

在许多人眼中，精神病患者是"危险的、暴力的、令人害怕的"，尤其是住院的精神病患者。处于发病时期，患者确实有可能会产生危险行为，为了预防患者伤及自身或者伤害他人，家属需要了解在关键时期如何进行防范。

在了解方法之前需要先摆正态度，即"防范的不是患者而是病症"。患者之所以会产生一些看似危险的举动，并不是这个人变得危险、不可理喻了，而是因为患者生病了，无法控制自己，是病症的表现使其容易产生危险的行为。并且经研究发现，并非所有的精神病患者都会产生危险行为。因此家属不必绝望，也不必疏远患者，在治好病后，这些情况便会缓解。

具体而言，大多数患者只有在急性发作期时才可能会产生危险行为。例如，精神分裂症患者在阳性症状发作时有可能会打人、摔东西，重度抑郁症患者可能会产生自杀倾向，等等。在这个时候，患者是无法控制自己的思维、意志的，所以家属需要先调节情感上的"心累"，体会患者在此时内心其实是痛苦不堪的。我们不应该将患者视为洪水猛兽，而是要与患者一起面对病症这个共同的敌人。

对于不同病期，防范的程度与方式也是有所不同的。当患者处于发作期时需要额外注意，可以在沟通、生活及周边环境三个方面来进行识别与防范。在沟通上，家属可以在说话时尽量用平静缓和的语气；在与患者交流时减少威胁感，比如减少强制命令和过多评价；说话时视线保持平视，动作幅度不要过大。在生活上，可以将家里的刀具收起来，以防患者用刀具伤害自己。在环境方面，尽量让患者处于安静平和的氛围下，让无关的家庭成员暂时与患者分居。减少生活中的噪声，可以让其安心调整身心状况。当情况严重到患者已无法自控时，需要及时拨打医院电话进行求助。

在非发作期时，患者基本上是有自控能力及理性的，此时便无须太过于防范。如果依然将家里的刀具严格保管，反而会让患者感到不适应，似乎一直在强调"你有病，需要特殊对待"这个想法。这时，家属可以尝试回归正常的生活，给患者一定的自由度。这其实是可以帮助患者恢复自主生活能力，更好地适应社会的。

在不同时期采用不同的应对方式，防范病症，为患者提供适合的休养环境，尽早回归社会生活。

预防性措施

（1）我们需要充分了解患者的病史、症状，注意患者有无冲动行为、幻觉和妄想，了解幻觉和妄想的内容，以及行为可能的原因。

（2）如果患者出现幻觉、妄想等症状，我们要掌握患者妄想的对象——"假想敌"，并及时告知相关人员。

（3）在日常生活中要善于从患者异常的言语、情绪、动作、行为中预测到可能发生的问题，注意避免言语或行为激惹患者。

（4）看管好家中危险物品，防止意外发生。

（5）减少周围噪声，使患者处于较安静的环境中。

（6）有效管理自身情绪，并尽量避免其他无关刺激的干扰。

（7）寻求帮助，请患者尊敬或亲近的人进行劝导，并在必要时选择报警或进行隔离以保护被攻击者。

（8）一旦受到攻击时要正确对待，妥善处理。可以及时地联系医院及有关部门，尽快将患者送医治疗，稳定病情。这样做既是在保护我们自身，也是在保护患者。

Q7 家属如何帮助患者更好地应对学习问题？

我被诊断为精神分裂症已经2年多了，这期间一直在接受治疗。好在功夫不负有心人，在医生和父母的帮助下，各方面的状况逐渐得到了好转，病情也逐渐趋于稳定。于是我渐渐地开始尝试学习，也慢慢地开始和别人交流。最近开学了，我也开始了自己的校园生活。但在学习中，我总感到记忆力和注意力有了非常明显的减退，有时会因为记不住、看不懂，比不上别的同学而感到烦躁。父母很担心我因为学习压力大而导致病情复发——一位精神疾病患者小琳（化名）的自述。

精神疾病患者很多是青少年，而这个时期正是他们的求学阶段。随着病情逐渐得到控制，这些患者及他们的家庭都面临一个共同的问题，就是在疾病急性期过后，如何恢复学业，如何更好地回归到校园生活。对此，家属可以在医生的帮助下从以下两大方面入手，与患者共同努力。

病情方面

（1）病情是否稳定。家属需要在医生的帮助下评估患者的病情是否稳定，比如是否出现情绪多变、失眠、食欲不振等症状。因为患者在复发的状态下有时很难觉察，需要家属时刻留意患者是否出现了比较明显的症状，或者发现了可能复发的信号。如有必要一定要及时就医。患者也需要对自己的状态保持觉察，对所服药物有所了解。

（2）认知功能的水平。疾病会对患者的认知功能产生影响，比如注意力不能集中、记忆力下降等。家属可以让医生进行一些认知功能方面的检查来了解患者的认知功能状态，同时也可以通过观察患者平时的学习状态来进行评估，必要的情况下，可以让患者暂停学习。

患者需要意识到，此时出现的学习困难只是暂时的，是长期生病下造成的一种生理损伤，随着疾病的康复，认知上的损害也是可以逐渐得到恢复的，此刻患者和家属一定要放平自己的心态，不要给自己太大的压力，更不要为了追求学习上的效果而不顾自己的身心健康，从而导致自己精神疾病的加重。

（3）疾病管理能力。

按时服药：精神疾病是慢性病，需要在医生的指导下服用较长一段时间的药物，家属可以每天通过微信或者电话的方式进行提醒。有些患者觉得自己的精神状态不错，认为自己痊愈了就擅自停药，结果导致了疾病的复发。此外，如果觉得在学校吃药不方便，怕被老师和同学看到给自己造成一定的压力，可以考虑将装药物的瓶子换成其他包装。

作息规律：保证每天8~9小时的睡眠，最好晚上11点之前睡觉。人每晚的睡眠黄金时间是晚上11点到凌晨2点，这样最符合人体激素水平的变化。长期熬夜造成的生活作息紊乱，容易引发内分泌失调，不利于病情的稳定和康复。

坚持运动：患者可以找一个自己喜欢的运动坚持下来，家属也可以抽时间陪患者一起散步或者一起做运动，不但能锻炼身体，也能帮助宣泄负面情绪，释放压力。

（4）疾病复发的应急处置。如果患者出现了不良症状，一定要及时寻求支持，包括校医的医疗支持、学校的心理辅导、在出勤上能否放松宽限等。

社会心理方面

（1）压力源的评估。患者和家属要对导致发病的压力源有充分的认识，比如是不是学业压力大、环境适应不良或者人际关系不佳，找到压力源后，可以采取有针对性的措施。

（2）学业方面。具体评估复学后学业上要面临的任务，评估难度系数，要对学习成绩有合理的预期。先尝试适应环境，再慢慢提高学习成绩。家属和患者不要一上来就致力于提高成绩，而不管自己的身心状态。

（3）人际关系方面。家属要充分调动各种可能的人际资源，为患者营造一个良好的人际环境，有利于疾病的康复。

（4）家属的支持。家属是患者重要的支持，要给予患者充分的理解。

患者生病后在学习成绩等各方面的表现有可能均不如前。很多家属不能接受这个事实，依然对孩子抱有很高的期望，给孩子造成很大的压力。所以家属首先要调整好自己的心态，学习疾病知识、护理知识，这样才能更好地帮助孩子。

（5）病耻感方面。患者和家属要对疾病有正确的认识，它跟高血压、糖尿病一样，是一种正常的疾病。很多人在人生的不同阶段都有可能得，甚至不止一次，但需要注意的是，它是可以预防和治愈的。

公众对于精神疾病的理解尚需加强，且消除对此类疾病的偏见与误解不会一蹴而就。但通过良好的疾病管理和维持稳定的病情，积极追求正常的生活，我们仍然可以与他人和谐相处。

大多数时候，别人并没有自己想象的那么关注自己。很多患者困惑于复学后该如何跟别人解释自己因何休学。要记得，疾病是自己的隐私，没有必要主动告诉别人，如果有人问起，简单委婉说明即可，不必把自己得病的真实情况，包括诊断、是否住院等隐私告诉别人，以免给自己造成不必要的压力。

当患者有充足的把握可以应对现阶段的压力时，家属就不必过度忧虑，要学会尊重并且相信患者，可以让患者继续保持原先的学习。家属需要做的是，保持关注，多关心、陪伴、鼓励他们，帮助他们一起应对学习上面临的压力。此外，压力有时候不见得是一件坏事，它在某种程度上可以帮助我们提高效率。如果把我们的心理状态比喻成一根橡皮筋的话，适当地拉扯可以让我们更加松弛，但超过弹性限度的"生拉硬拽"则会带来非常大的伤害。

最后，希望患者和家属都能以一个良好的心态来面对接下来的复学并提前做好突发情况的应对措施。要记得，目前遇到的困难都是正常和暂时的。家属要相信患者并且永远做其前进道路上的后盾，给予他们充分的支持和帮助，患者也要相信自己，尽自己最大的努力迎接接下来的挑战。

Q8 家属如何帮助患者恢复正常的工作？

小安在大三的时候被诊断为抑郁症，经住院治疗后坚持完成了学业，后经自己的努力进入了一家公司从事编程工作，并顺利提前转正。自认为痊愈了的他擅自停药，但没过多久，他便再次出现症状，不得不再次住院。小安目前已经出院3个月，病情相对稳定，有想回去工作的想法，但顾虑很多。

患者在康复期工作时应该注意什么

精神障碍患者患病后大多面临就业难的问题。大多数患者和家属存在是否该去工作的困惑，很多家属急切地想要了解患者重新回到工作岗位需要做的一些准备工作，但不知道该从何做起。建议家属可以尝试从以下几个角度入手，比如家属带着患者定时去看固定的门诊医生，督促他按时服药，学习一些识别疾病复发的信号。

1. 固定门诊医生

一些家属对门诊治疗是存在误区的，认为多看才能有更多的参考。但精神疾病有它的特殊性，诊疗过程中需要对病史及精神症状表现有细致的了解，频繁更换门诊医生，会让医生对患者的情况缺乏全面、系统的了解。固定门诊医生对患者的疾病发展、药物治疗、不良反应、症状特点有连贯性的观察和认识，在药物选择和评价病情变化方面较其他医生有明显优势。同时，稳定的医患关系也会更有利于患者病情的恢复。所以，即使患者处于康复期，家属也要带着患者定期去找固定的门诊医生进行复诊。

2. 按时服药

病情稳定是开展一切工作的基础，能否主动坚持服药是维持病情稳定的根本，所以，家属一定要叮嘱患者按时服药，为避免被同事看到引发不必要的烦恼，可以将药物的包装换成维生素或其他保健药的药瓶。

3. 识别疾病复发的信号

最容易发现的疾病变化信号是情绪和睡眠，当患者的情绪和睡眠有持续变化时，家属一定要保持留意，必要时及时就医。

患者如何更好地重返工作岗位

在工作中是否要告知自己的患病经历一直是患者和家属非常关心的问题。关于如何去应对自身的患病经历，如何帮助患者更好地回归社会，保持自己的工作节奏，如何更好地陪伴患者，建议家属可尝试从以下几个方面入手。

1. 患者是否需要告知自己的患病经历

法律角度。《中华人民共和国精神卫生法》第四条第二款规定：精神障碍患者的教育、劳动、医疗以及从国家和社会获得物质帮助等方面的合法权益受法律保护。从法律上讲，曾经的经历是个人的隐私，可以考虑选择不告诉他人，对外、对不够熟悉的人进行保密。从患者的角度来看，不把自己曾患病的事情告诉招聘者，在某种程度上可以应对求职和工作中的部分不平等对待，避免他人戴有色眼镜看待自己。

根据自身状态进行评估。在面对工作时，患者可以根据自身具体的情况作出不同的评估，再进一步决定是否告知患病经历。当医生经过评估认为患者可以进行工作的情况下，面试中可以选择不告知曾经的经历或者对既往经历进行适时适度的说明。患者也需要平等的机会融入社会，实现自己的社会价值。选择不告知并非一种恶意的隐瞒，但患者也要承担可能由于隐瞒被聘用单位以此理由解雇的风险。总之，当患者想要求职时，家属一定要确保其处在一个稳定、已经康复的状况下，并且可以清楚地识别病情，有恰当的应对方法，只有这样，才能做到既对自己负责，也对别人负责。

2. 工作节奏

疾病会对患者的认知功能产生影响，比如注意力、记忆力、理解力、表达能力、执行能力等都会有所减退，患者需要对自身状况有一个基本的了解，找到适合自己的工作。患者去工作的主要目的是回归社会，所以，在选择工作时要保证自己能有充分的休息时间，形成自己的工作节奏。有时患者对自身能力不太了解，存在对自己要求过高的情况，导致自己病情的加重。家属可以对其进行适当的引导，从简单的工作做起，循序渐进。此外，家属也可以让医生对患者进行一些认知功能方面的检查来了解其认知功能状态，必要的情况下，可以让患者暂停工作。

3. 积极寻找支持

患者重新步入社会，参与工作，本身就会面临很多的压力，家属的陪伴是他们在康复路上最好的支持。此外，工作中如何把握与同事的关系、与管理者的关系，能否接受潜在的压力对于患者来说都会是一个挑战。工作中维持良好的人际关系对于患者的康复来说也是非常重要的一个因素。

4. 备选方案

如果不能回到原工作岗位，可以与领导协商在家完成力所能及的工作，同时也可以多面试一些工作岗位，做多种准备。

总的来说，如果想要重新回归到正常的工作节奏当中，家属和患者都需要调整自己的心态，学习相关的精神疾病康复知识，才更有利于病情的恢复。此外，社会层面也需要加强对精神疾病知识的宣传，引导公众正确认识疾病，消除对疾病的歧视，为患者创造一个理解、包容、接纳的社会环境。

Q9 患者是否能够正常地结婚生子？

小苏曾经由于工作压力过大住过一段时间的精神病医院，虽然后来病情得到了控制，自己目前也能够正常生活，但那段经历成了小苏内心无法抹去的一根刺，他经常为此感到难以释怀，有着很强的病耻感。

近来，小苏遇到了一个心仪的女孩，两个人很快陷入热恋当中并着手准备谈婚论嫁。可能由于太过劳累，小苏的状态变得很不稳定，小苏的女友对此非常担心。但女友的每次担心都会让小苏想起自己过往的那次痛苦经历，自尊心极强的小苏非常害怕会因此遭到女友的嫌弃，与其到时候被抛弃，还不如提前选择放弃……就这样，小苏又再次陷入了悲伤的情绪当中，不知道该怎么办。

患者在婚恋前是否要告知另一半病情

许多患者非常希望能像其他人一样正常地恋爱结婚，但又纠结于婚恋前是否告知对方自己的患病经历。针对此类情况，如果选择不告知，患者本人可能会产生很强烈的内疚感，万一被发现，对方可能会觉得自己遭到了欺骗，两个人的关系也会因此受到影响；如果选择告知又担心对方不能接受，两个人的关系也会因此走向破裂。如果与对方的关系走向纠结、挣扎与破裂，患者本人的状态及病情的稳定性都会受到影响。

因此，面对这种境况需要患者考虑从以下几个方面进行分析。

1. 根据自身状态进行评估

首先，当你选择恋爱甚至考虑结婚之前，需要先让医生对自身的状态进行客观的评估，以确认当下的状态是否适合进入一段关系当中。这样做既是对自己负责，也是对他人负责。当自身状态比较稳定后，在亲密关系中也会有更好的体验。

当双方关系比较稳定，想要有更深一步的发展甚至结婚时，患者需要对自身的状态保持觉察，定期请医生或者专业人士进行检查和评估，以确保自己的状况保持稳定。一旦有什么异常，可以做到及时调整。

此外，对于大多数人来说，结婚都是一件非常重要且具有里程碑意义的事，难免会为此感到紧张和焦虑，何况对于患者来说。如果患者当下的状态变得不太稳定，一定要尝试识别是由疾病带来的，还是由结婚这件事带来的。有些时候，患者会将自己因为结婚带来的紧张焦虑情绪归结于疾病复发，认为自己不适合结婚，也不愿意将情况告知对方，进而陷入极度的纠结和痛苦当中。

最后，患者需要坚信的是，即使生活曾经遭遇过精神疾病的挑战，幸福仍是完全可能的。复原力、乐观、希望、智慧、社会支持及其他积极因素是严重精神障碍患者康复的有力武器。

2.道德伦理层面

从道德和伦理上讲，保守个人隐私是人的基本权利。但出于对另一半的尊重和责任，患者还是需要在自身状态比较稳定的情况下，客观地评估告知对方会面临的各种状况。

如果选择坦然告知的话，对方可能会重新审视彼此之间的关系，在过程中挣扎、纠结，最后也有可能离开自己。患者需要评估，是否可以接受这样的后果。如果选择适度的规避，患者内心可能会有愧疚感，日后如果被发现，对方也可能会认为自己遭到了欺骗，两个人的关系也会因此受到很大的影响。

3.沟通技巧层面

从沟通技巧上讲，在结婚前需要选择恰当的时机和说法，与对方进行双向的情感沟通。这样做虽然可能面临对方不再继续交往的结果，但从另一方面讲，两个人选择在婚前互相尊重、互相理解，遇到困难能够一起面对，也是一种有效的情感互动。

4. 法律层面

《中华人民共和国精神卫生法》第四条精神障碍患者权益保护中指出，患有精神疾病属于个人隐私，应该受到保护。从这个角度上讲，我们有权保护自己的隐私。

《中华人民共和国民法典》第五编婚姻家庭第一千零五十三条：一方患有重大疾病的，应当在结婚登记前如实告知另一方；不如实告知的，另一方可以向人民法院请求撤销婚姻。

生育要考虑哪些因素

患者也希望能够拥有自己的孩子，所以也会考虑生孩子的问题。但是疾病有一定比例的遗传率，在是否生孩子这件事情上，除了考虑患者个人的意愿，还需要评估这个家庭是否有承担起养育一个生命的责任和能力。

生育的问题需要考虑以下几个因素。

1. 疾病遗传因素

相关研究表明，遗传与环境因素在发病过程中均有重要作用。疾病是有遗传概率的，患者生育出的孩子也有一定的概率患有精神疾病，对此，患者的家庭需要考虑自己是否有足够的能力去应对。所以，在选择生育孩子方面，家属和患者需要做好相应的物质和心理准备，不要太过于紧张和焦虑，平时要多注重休息、保持健康的饮食习惯、多注重自身病情的防护，以及定期复查。

2. 病情因素

病情是首要考虑的因素。如果病情不稳定，备孕、孕期及胎儿出生后都存在一定的影响。同时，患者可能也难以尽到有效的抚养责任，对婴儿的成长，包括性格的形成等都会有一定的影响。患者和家属需要与医生进行沟通，根据既往病情进行综合评估。

3. 身体和年龄因素

良好的身体素质和适合生育的年龄是备孕的基本条件。

总的来说，如果想要结婚生子、重新回归到日常的生活节奏当中，家属和患者都需要调整好自己的心态，积极配合康复工作，学习相关的精神疾病康复知识。

而在社会层面也需要加强对精神疾病知识的宣传，引导公众正确认识疾病，消除对疾病的歧视，为患者创造一个理解、包容、接纳的社会环境。

Q10 患者康复后，家属如何帮助患者防止复发？

患者在彻底结束治疗康复后，就已经完成了疾病的治疗，也就是治好了病。隔一段时间，再次出现病症，这属于再次发病，首先要明晰这个概念。

这里，想举一个例子来说明这个问题。例如，当一个人感冒了，在治疗的过程中可能会有严重的时候，也会有相对减轻的时候，往往会交替出现。但感冒彻底好了就是好了，下次再感冒只是一个新的病，而不是原来的感冒复发了。

预防复发，家属可以做什么

我们这里使用"复发"，更多的是想表达在患者在缓解期又再次发作的含义。家属在这个过程中有以下做法可以参考。

1. 科学识别复发信号

精神疾病从病情稳定到复发之前，往往都有一个变化的过程，这段时间可能会出现精神和行为的一些改变，这些变化被称为"复发先兆"。复发之前每个人的症状各有不同，即使同一个人每次复发的表现也可能不完全一样，大致如下。

（1）睡眠改变：在复发之前很多人都有睡眠的改变，会出现入睡困难、早醒、多梦、睡眠不规律等，也会有人出现睡眠过多。

（2）情绪改变：情绪变得不稳定，表现为烦躁、易怒、紧张、恐惧，或变得悲观失望、焦虑不安等。

（3）行为改变：行为上会变得活动增多、无目的性，或活动减少、疏远他人、生活懒散，严重者甚至出现冲动、伤人、毁物等行为。

（4）进食改变：食欲的减退或亢进、过量饮酒、不加控制地进食高热量的食物。

（5）再次出现敏感多疑、自语自笑、不承认有病、拒绝服药等。"复写症状"也是复发的重要标志，即既往发病时曾有的症状再次出现。

2. 采取行动，预防复发

（1）坚持服药。

（2）定期复诊：在维持治疗的前提下，定期复诊，在专业医护人员的帮助下，才能更好地预防和治疗精神疾病。定期就诊过程中建议固定一个医生看门诊，这样医生可以动态监测病情变化。定期复诊并不是我们简单理解的"定期开药"，治疗过程中遇到的任何问题都可以向医护人员咨询，寻求帮助。

（3）规律生活：保证睡眠时间，每天7~8小时；作息规律，正常饮食，注意饮食结构合理搭配；适量运动，保障身体健康，体力充沛；学会做家务，既可以帮助家人减轻负担，又可以丰富生活。

（4）应急预案：提前做好病情波动时应急预案。将就医时所需要的所有物品放在一起，包括就诊卡、医保卡、门诊病历本、既往医院检查的报告单等。保存记录各家医院的门诊、病房电话、医生的联系方式、社区紧急求助电话、片警的联系方式、各家精神专科医院的地址、药物中毒急救医院的地址等信息。

（5）在给予恰当的药物治疗的同时进行系统的社会功能康复训练，能有效预防疾病复发。接受康复或功能训练的患者，复发率和再住院率都显著低于未接受康复训练的患者。

未来值得期待

有人说，罹患精神疾病就像经历一场严重的地震灾害，虽然损失惨重，但也是可以灾后重建的。我觉得，精神疾病的诊断只是对我们曾经功能受损适应不良的解释，并不是对个人的一纸判决。随着正规治疗和康复的进程，患者的状态和功能都能够得到一定程度的恢复。如果我们的状态能够康复到重建一个崭新的面貌，如果我们能够做力所能及的事情，那么我们身上有没有疾病的标签就显得不那么重要了。事物都是发展变化的，我们不能把一件事情看死了：现在不行不证明以后不行，今天是这样未必明天还是这样。精神康复的道路任重道远，需要长期不懈地坚持。当把改变转换成习惯，把习惯转换成本能，不知不觉中康复的大路就会越走越宽。

一位曾经的患者这样分享，不能在对待生病这件事上看法过于单一、死板，相信逆境中存在转机。

当遇到困难时，我们难免会怀疑自己，认为是命运的不公，为何是自己承受这一切？这样的想法让家属仿佛深陷泥淖，有时难以自拔。但这并不是一件无法克服的事情，道路纵然充满崎岖泥泞，但坚持下去就能达到目标。

已有研究发现，在曾患有精神疾病的人中，大约三分之二（67%）的人症状恢复，这意味着他们不再符合某种特定疾病的诊断标准。研究人员推测，人们从精神疾病中康复并达到中等至良好水平（而不是最佳水平）的速度可能要快得多。

这样的数据是多么喜人，当患者按照医生的要求，接受正规的治疗和康复，根据正确的引导，再加上家属和患者协同努力，病情会向着好的方向发展，家属和患者的生活也终将走向美好。

逆境也是一种成长，在逆境中能发现更多转机。

在面对困难时，可以总结经验教训，促成自身的进步。辩证地看问题可以改善生活体验和精神面貌，以更强的信心和勇气面对挫折。

人生路漫漫，没有任何人可以按照原本的设想和计划生活，在原本预计的道路上行驶，难免会遇到不同的阻碍，并不都是一帆风顺的。家属和患者只不过走了一条艰难的道路，这条充满波折和考验的路是之前都不曾设想的，在这样的苦难中仍在坚持寻求生命的意义。家属和患者都是勇敢的、坚韧的、不可摧毁的。

家属和患者都值得尊重、敬佩。当患者痊愈、结束康复期后,家属应该寻找自己生活的节奏,回归自己的生活,开启新的生活篇章,未来可期。

道阻且长,行则将至。

术语表

1.发病早期：在一开始有症状的时期，这个时期的大多数症状可能相对隐蔽、不明显。

2.急性发作期：症状比较明显，情况也相对严重，此时的患者很难控制好自己。

3.缓解期：在急性期之后，患者会有一个相对缓和的时期，这个时期就是疾病的缓解期，此时患者从发作的状态逐渐趋于稳定，但还需要坚持服药，在医生的指导下继续治疗才能彻底稳定下来。

4.康复期：在病情有所治疗以后的一个长期稳定的时期，这个时期他们的状况已经相对稳定，更多的任务和目标在于适应社会生活。

5.心理边界：也称"个人边界"，是指个人所创造的边界，通过这个边界，我们可以知道什么是合理的、安全的和被允许的行为，以及当别人越界的时候，自己该如何回应。

6.否认机制：对于难以接受的情感，自我采用拒绝的方式以保护自己。

7.间歇强化：一种偶然地或间歇地、不是每次都对所发生的行为进行强化的方法。

8.正强化：增加某事发生概率的行为。

9.负强化：减少这种概率的行为。

10.非强化场景：当听到令人不快的话语时，不去理会。

11.不兼容行为：当不喜欢对方的某个行为时，引导对方转变方向，比阻止对方更简单。换句话说，就是两件事不能同时做。

12.病耻感：精神疾病患者所表现的一种负性情绪体验，且往往和自我污名化产生联系，其对患者社会功能康复会产生不利影响，可通过心理治疗治愈。

13.DSM：精神障碍诊断与统计手册（*The Diagnostic and Statistical Manual of Mental Disorders*，DSM）由美国精神医学学会（American Psychiatric Association，APA）出版，是一本在美国与其他国家中最常使用来诊断精神疾病的指导手册。

14.无抽搐电休克治疗：电疗方法（The Electro-convulsive Therapy）又称无抽搐电休克治疗。这种治疗在治疗前会给患者使用麻醉剂和肌肉松弛剂，使其通电后不发生抽搐，减轻肌肉强直、颤动，避免骨折、关节脱位等并发症的发生率。治疗时，医生通过电休克机，用微弱、短暂、适量的电流刺激患者大脑，引起精神病患者意识丧失和全身抽搐发作，以达到治疗的目的。

15.心理韧性：英文为resilience，是指每个人都拥有的一种心理力量，是一个有效协商、适应、管理压力或创伤的过程。

16.音乐疗法：以心理治疗的理论和方法为基础，运用音乐特有的生理、心理效应，使求治者在音乐治疗师的共同参与下，通过各种专门设计的音乐行为，经历音乐体验，达到消除心理障碍、恢复或增进心理健康的目的。

17.冥想：指一系列调整注意焦点、向内观照心理活动的练习，可分为聚焦注意（focused attention）、开放监控（open monitoring）、慈心禅（lovingkindness）、念咒（man-tra repetition）及其他形式。其中，正念为开放监控的冥想形式。

18.正念：指对当下经验不加评判地（Nonjudgmen-tally）意识与注意，它通常要求个体以一定的距离观察自己此时此刻的想法和感觉，但不去评判其好坏对错。

19.蝴蝶抱：蝴蝶拥抱法，指双臂交叉抱住自己，轻轻拍自己的肩膀，配合着深呼吸。

20.多巴胺：大脑中含量最丰富的儿茶酚胺类神经递质。多巴胺作为神经递质调控中枢神经系统的多种生理功能。多巴胺系统调节障碍涉及帕金森病、精神分裂症、Tourette综合征、注意力缺陷多动症和垂体肿瘤的发生等。多巴胺是一种神经传导物质，用来帮助细胞传送脉冲的化学物质。这种脑内分泌物和人的情欲、感觉有关，它传递兴奋及开心的信息。

21.复写症状：是复发的重要标志，即既往发病时曾有的症状，如敏感多疑、自语自笑、不承认有病、拒绝服药等再次出现。

22.社会功能损害：精神障碍导致的社交功能障碍和对社会应尽职责表现紊乱。

23.自知力：指患者对其自身精神状态的认知能力，即能否察觉或识辨自己有病和精神状态，能否分析判断并指出自己既往和现在的哪些状态和表现属于正常，哪些属于病态的能力。

24.继发性获益：患者通过疾病获得益处，如得到外界的关注、承认、满足其自恋的心态或获得赔偿。患者在有病不愈时，以获得比无病或疾病痊愈时更多的利益。

参考文献

一、国内学术著作

1.陈琦，刘儒德.教育心理学：第3版[M].北京：高等教育出版社，2020.

2.官大威.法医学辞典[M].北京：化学工业出版社，2009.

3.郝伟，陆林.精神病学：第8版[M].北京：人民卫生出版社，2018.

4.李洁，梁笛.公共精神卫生：第2版[M].北京：人民卫生出版社，2021.

5.陆林，沈渔邨.精神病学：第6版[M].北京：人民卫生出版社，2017.

6.王涌，马宁.严重精神障碍患者家庭护理[M].北京：北京大学医学出版社，2019.

7.姚贵忠.重性精神疾病个案管理操作手册[M].北京：北京大学医学出版社，2021.

8.钟国坚，黄文华，高建箱.家有精神障碍患者怎么办：第2版[M].广东：广东科技出版社，2022.

9.郑毓鹉，张天宏，王继军.精神病性症状的认知行为治疗：治疗师手册[M].上海：上海交通大学出版社，2021.

二、国外译著

1.〔美〕理查德·格里格，〔美〕菲利普·津巴多.心理学与生活：第16版[M].王垒，王甦，等译.北京：人民邮电出版社，2006.

2.〔美〕艾伦·弗朗西斯，〔美〕迈克尔·弗斯特.精神自诊手册[M].胡东震，译.海口：海南出版社，2000.

3.〔美〕查普曼，〔美〕格拉茨.边缘型人格障碍生存指南：如何与边缘型人格障碍相处[M].王学义，主译.北京：北京大学医学出版社，2016.

4.〔美〕马丁·塞利格曼.持续的幸福[M].颜雅琴，译.北京：北京联合出版公司，2022.

5.〔美〕劳伦·B.阿洛伊，〔美〕约翰·H.雷斯金德，〔美〕玛格丽特·J.玛诺斯.变态心理学[M].汤震宇，邱鹤飞，杨茜，译.上海：上海社会科学院出版社，2005.

6.〔美〕杰罗德·克雷斯曼，〔美〕哈尔·斯特.边缘型人格障碍[M].徐红，译.北京：群言出版社，2012.

三、期刊报纸

1.陈爱娣，刘胜连，林玉萍.强化心理行为干预对睡眠障碍患者睡眠质量的影响[J].世界睡眠医学杂志，2021，8(9)：1598-1600.

2.曾瑞云.克莉奥佩特拉的表演型人格分析[J].湖北文理学院学报，2014，35(10)：56-59.

3.成伟.论代际沟通与协调[J].学术交流，2008(1)：120-123.

4. 段炼. 时间的悖论[J]. 博览群书, 2003(1): 102-104.

5. 冯晓英, 徐晓荣, 陈秀芬. 精神科护理工作中受到患者伤害与自我保护措施[J]. 黑龙江护理杂志, 1998(1): 61-62.

6. 高羊. 进口药比国产药效果好吗?[J]. 中国卫生画刊, 1991(2).

7. 贺韵蝉. 精神病态特质对多领域道德判断的预测[D]. 杭州: 杭州师范大学, 2021: 8-13.

8. 冷安蓉. 精神疾病的预防方法[J]. 家庭医学: 下半月, 2021(7): 2.

9. 好心情. 数字化精神心理健康服务行业蓝皮书[R]. 好心情, 2022.

10. 乔万通. 广场恐怖症研究综述[J]. 科教导刊, 2017(7): 3.

11. 任倩文, 卢昕玮, 赵妍, 等. "路怒症"的内外生逻辑及影响因素研究[J]. 中国安全生产科学技术, 2021, 17(7): 162-166.

12. 阮玉英. 中越小学生对校园欺凌行为认识的比较以及教育对于提高越南小学生关于校园欺凌行为认识的作用[D]. 金华: 浙江师范大学, 2022: 2-29.

13. 沈晓彬. 告别幽闭恐惧症[J]. 百科知识, 2006(07S): 2.

14. 谭艳玲. 严重精神障碍患者病耻感应激的相关因素[D]. 广州: 广州医科大学, 2022: 8-11.

15. 田凡. 对抑郁症的视频接触对精神科治疗求助态度的干预效果[D]. 武汉: 华中师范大学, 2018: 5-17.

16. 汪忠亮. 论心理压力与运动竞赛成绩[J]. 浙江体育科学, 1993(3): 42-44, 41.

17. 王晨, 许冬梅, 邵静, 等. 精神科住院抑郁症患者自杀预防及护理干预措施专家共识[J].中华护理杂志,2022,57(18):2181-2185.

18.王婷,朱卓影,徐一峰.广泛性焦虑障碍的情绪调节特征[J].临床精神医学杂志,2021,31(3):241-243.

19.王彦海,陈海燕,李红政.表演型人格障碍的病因学特征和住院干预[J].医学综述,2015,21(1):3-5.

20.王长虹.临床心理治疗学[J].新乡医学院学报,2006(6):568.

21.魏文石.直面我国阿尔茨海默病诊治的挑战——《中国阿尔茨海默病报告2021》解读[J].诊断学理论与实践,2022,21(1):5-7.

22.席梅红."表演型人格障碍"学生的心理调试[J].基础教育研究,2011(24):48-49.

23.胥寒梅,张航,陶圆美,等.儿童青少年抑郁症的重要社会心理因素[J].精神医学杂志,2021,34(6):499-502.

24.许曦.以就业为导向的大学生职业发展教育资源构建[J].就业与保障,2023(5):145-147.

25.张萍,史晓红,张浩,等.腹式呼吸训练作用机制及临床应用[J].现代中西医结合杂志,2012,21(2):222-224.

26.张天明.住院精神患者日常生活研究[D].上海:华东理工大学,2015:3-25.

27.张天元,杨莹莹,崔书克.失眠的中西医研究进展[J].中国中医药现代远程教育,2023(10):196-199.

28.张晓凤.精神分裂症患者的污名现象[D].上海:华东理工大学,2014:4-57.

29. 张岩岩，胡知仲，卢梓航，等.接纳承诺疗法和辩证行为疗法的比较分析[J].医学与哲学，2021，42（12）：46-49.

30. 张怡婷.家庭心理教育處置對精神分裂症患者及其照顧者的介入成效研究[D].桃园：中原大学，2012：1-69.

31. 赵晓瑾，陈海燕，李红政.表演型人格障碍与心境障碍的共病研究进展[J].华南国防医学杂志，2015，29（9）：719-722.

32. 郑春蕾.精神病态特质青少年的情绪机制研究[D].北京：中国政法大学，2011：3-20.

33. 郑海燕.与精神患者语言沟通的重要技巧[J].中国民康医学，2006（20）：801，805.

34. 中国伤残医学杂志编辑部.阿尔茨海默病（一）[J].中国伤残医学，2021，29（22）：2.

35. 李津宇.家庭教养方式对小学生校园霸凌的影响：社会问题解决能力的中介作用[D].长春：吉林大学，2019：6-40.

36. 李妍.精神分裂症患者家属的污名认知、影响与弹性应对[D].上海：华东师范大学，2021：1-14.

37. 周菲，白晓君.国外心理边界理论研究述评[J].郑州大学学报（哲学社会科学版），2009，42（2）：12-15.

38. 卡尔·罗杰斯，F.J.罗斯里斯伯格，徐永.沟通的天堑与通途[J].商业评论，2007（1）：9.

39. 陈玉明，庄晓伟.精神疾病患者病耻感产生原因及干预措施[J].慢性病学杂志，2016，17（04）：433-436.

40.李国威.复元视角下精神病患者同伴支持服务模式的实务研究[D].哈尔滨：黑龙江大学，2022：4-18.

41.林海程，林勇强，贾福军等.社会心理因素对社区精神病患者照料者家庭负担的影响[J].中华行为医学与脑科学杂志，2010（02）：174-177.

42.莫佳妮.以复原理念为导向的精神病康复实践研究[D].昆明：云南大学，2013：2-16.

43.王栋.家属应该如何正确的与精神病人相处[J].世界最新医学信息文摘，2015，15：181.

四、外文文献

1. ANON.Progress in brain research[J].Prog Brain Res, 2010, 185: 215-216.

2. APT C, HURLBERT D F.The sexual attitudes, behavior, and relationships of women with histrionic personality disorder[J].J Sex Marital Ther, 1994, 20(2): 125-133.

3. ASMUNDSON G J G, TAYLOR S, SMITS J A J.Panic disorder and agoraphobia: an overview and commentary on dsm-5 changes[J].Depress Anxiety, 2014, 31(6): 480-6.

4. BENDER D S, MOREY L C, SKODOL A E.Toward a model for assessing level of personality functioning in dsm-5, part i: a review of theory and methods.[J].J Pers Assess, 2011, 93(4): 332-

346.

5. BHAR S, GHAHRAMANLOU-HOLLOWAY M, BROWN G, et al.Self-esteem and suicide ideation in psychiatric outpatients[J].Suicide Life Threat Behav, 2008, 38(5): 511-6.

6. BILLINGS A G, MOOS R H.Life stressors and social resources affect posttreatment outcomes among depressed patients[J].J Abnorm Psychol, 1985, 94(2): 140-153.

7. BROWN G K, STEER R A, HENRIQUES G R, et al.The internal struggle between the wish to die and the wish to live: a risk factor for suicide[J].Am J Psychiatry, 2005, 162(10): 1977-9.

8. CHEN H, LIN M, QIAN M. Effects of Self-Focus on External Attention and State Anxiety in Social Anxiety: Evidence from Eye-Movement and Physiological Measures[J]. Beijing Da Xue Xue Bao, 2023, 59(1): 170-178.

9. CHUNG K F, WONG M C.Experience of stigma among chinese mental health patients in hong kong[J].Psychiatric Bulletin, 2004, 28(12): 451-454.

10. COAN J A, SCHAEFER H S, DAVIDSON R J.Lending a hand: social regulation of the neural response to threat[J].Psychol Sci, 2006, 17(12): 1032-9.

11. CREATIVE COMMONS: CC BY-NC-SA 3.0 IGO Legal Code[Z/OL]. (2023-11-23)[2023-11-23].https: //creativecommons.org/licenses/

by-nc-sa/3.0/igo/legalcode.en.

12. DOPHEIDE J A. Insomnia overview: epidemiology, pathophysiology, diagnosis and monitoring, and nonpharmacologic therapy[J]. The American journal of managed care, 2020, 26(4 Suppl): S76-S84.

13. FANG S, ZHANG S, WANG W, et al. Behavioural and psychological symptoms of early-onset and late-onset Alzheimer's disease among Chinese adults: analysis of modifiable factors[J]. Psychogeriatrics, 2022, 22(3): 391-401.

14. FLANAGAN R M, SYMONDS J E.Children's self-talk in naturalistic classroom settings in middle childhood: A systematic literature review[J]. Educational research review, 2022, 35: 1-16.

15. FOX K R, HUANG X, GUZMÁN E M, et al. Interventions for suicide and self-injury: A meta-analysis of randomized controlled trials across nearly 50 years of research[J]. Psychological bulletin, 2020, 146(12): 1117.

16. FURNHAM A, RICHARDS S C, PAULHUS D L. The Dark Triad of personality: A 10 year review[J]. Social and personality psychology compass, 2013, 7(3): 199-216.

17. GUNDERSON JG, ZANARINI MC, CHOI K L, et al.Family study of borderline personality disorder and its sectors of psychopathology [J].Arch Gen Psychiatry, 2011, 68(7): 753-762.

18. HASE A, HOOD J, MOORE L J, et al. The influence of self-talk on challenge and threat states and performance[J]. Psychology of Sport and Exercise, 2019, 45: 101550.

19. HOLTZMAN D, KULISH N. Female exhibitionism: Identification, competition and camaraderie[J]. The International Journal of Psychoanalysis, 2012, 93(2): 271-292.

20. HUANG Y, WANG Y U, Wang H, et al. Prevalence of mental disorders in China: a cross-sectional epidemiological study[J]. The Lancet Psychiatry, 2019, 6(3): 211-224.

21. JENKINS J H, CARPENTER-SONG E A.Awareness of stigma among persons with schizophrenia: marking the contexts of lived experience.[J].J Nerv Ment Dis, 2009, 197(7): 520-9.

22. JONASON P K, ICHO A, IRELAND K. Resources, harshness, and unpredictability: the socioeconomic conditions associated with the Dark Triad traits[J]. Evolutionary Psychology, 2016, 14(1): 1-10.

23. JONASON P K, WEBSTER G D.The dirty dozen: a concise measure of the dark triad[J].Psychol Assess, 2010, 22(2): 420-432.

24. KOWALSKI R M, GIUMETTI G W, SCHROEDER A N, et al.Bullying in the digital age: a critical review and meta-analysis of cyberbullying research among youth.[J].Psychol Bull, 2014, 140(4): 1073-137.

25. LANGS G, QUEHENBERGER F, FABISCH K, et al. The development

of agoraphobia in panic disorder: a predictable process? [J]. Journal of Affective Disorders, 2000, 58(1): 43-50.

26. LIGHT K C, GREWEN K M, AMICO J A.More frequent partner hugs and higher oxytocin levels are linked to lower blood pressure and heart rate in premenopausal women[J]. Biol Psychol, 2005, 69(1): 5-21.

27. LINDSAY E K, YOUNG S, BROWN K W, et al.Mindfulness training reduces loneliness and increases social contact in a randomized controlled trial[J].Proc Natl Acad Sci U S A, 2019, 116(9): 3488-3493.

28. LINDSAY W R, MARSHALL I, NEILSON C, et al. The treatment of men with a learning disability convicted of exhibitionism[J]. Research in Developmental Disabilities, 1998, 19(4): 295-316.

29. LINK B G, PHELAN J C. Conceptualizing stigma[J]. Annual review of Sociology, 2001, 27(1): 363-385.

30. LOCKE A B, KIRST N, SHULTZ C G.Diagnosis and management of generalized anxiety disorder and panic disorder in adults[J].Am Fam Physician, 2015, 91(9): 617-624.

31. MANN J J, APTER A, BERTOLOTE J, et al. Suicide prevention strategies: a systematic review[J]. Jama, 2005, 294(16): 2064-2074.

32. MORRISON A S, HEIMBERG R G. Social anxiety and social

anxiety disorder[J]. Annual review of clinical psychology, 2013, 9: 249-274.

33. PASCOE M C, THOMPSON D R, JENKINS Z M, et al. Mindfulness mediates the physiological markers of stress: Systematic review and meta-analysis[J]. Journal of psychiatric research, 2017, 95: 156-178.

34. PAULHUS D L, WILLIAMS K M. The dark triad of personality: Narcissism, Machiavellianism, and psychopathy[J]. Journal of research in personality, 2002, 36(6): 556-563.

35. POTIK D, ROZENBERG G. Self psychology, risk assessment of individuals with exhibitionistic disorder and the Good Lives Model—More than meets the eye[J]. Journal of Aggression, Maltreatment & Trauma, 2020, 29(3): 272-291.

36. SHARP C, FONAGY P. Practitioner review: borderline personality disorder in adolescence - recent conceptualization, intervention, and implications for clinical practice[J]. Journal of Child Psychology and Psychiatry, 2015, 56(12): 1266-1288.

37. SMANIOTTO B, RÉVEILLAUD M, DUMET N, et al. Clinical Analysis of an Exhibitionist Patient in a Psychoanalytic Psychodrama Group[J]. Contemporary Psychoanalysis, 2021, 57(3-4): 564-595.

38. SOLOFF P H, CHIAPPETTA L.Prospective predictors of suicidal behavior in borderline personality disorder at 6-year follow-up[J].

Am J Psychiatry, 2012, 169(5): 484-90.

39. STROEBEL S S, O'KEEFE S L, GRIFFEE K, et al. Exhibitionism and sex with underage males in adult women[J]. Sexual Addiction & Compulsivity, 2018, 25(2-3): 170-196.

40. SWINDELL S, STROEBEL S S, O'KEEFE S L, et al. Correlates of exhibition-like experiences in childhood and adolescence: A model for development of exhibitionism in heterosexual males[J]. Sexual Addiction & Compulsivity, 2011, 18(3): 135-156.

41. SZUMSKI F, KASPAREK K. Encountering an exhibitionist: the female victim's perspective[J]. The Journal of Sex Research, 2020, 57(5): 610-623.

42. TRULL T J, SOLHAN M B, TRAGESSER S L, et al. Affective instability: measuring a core feature of borderline personality disorder with ecological momentary assessment[J]. J Abnorm Psychol, 2008, 117(3): 647-61.

43. TUCH R H. Unravelling the riddle of exhibitionism: A lesson in the power tactics of perverse interpersonal relationships[J]. The International Journal of Psychoanalysis, 2008, 89(1): 143-160.

44. VON KARDORFF E, SOLTANINEJAD A, KAMALI M, et al. Family caregiver burden in mental illnesses: The case of affective disorders and schizophrenia – a qualitative exploratory study[J]. Nordic journal of psychiatry, 2016, 70(4): 248-254.

45. WICKENS C M, WIESENTHAL D L, FLORA D B, et al. Understanding driver anger and aggression: attributional theory in the driving environment[J].J Exp Psychol Appl, 2011, 17(4): 354-70.

46. ZANARINI M C, ed. Borderline Personality Disorder[M]. 1st ed. CRC Press, 2005.

47. ANDRE R, DEVENDORF, R T B. KASHDAN J R. Optimal Well-Being After Psychopathology: Prevalence and Correlates[J]. Clinical Psychological Science, 2022.

48. CASTELEIN S, TIMMERMAN M, VANDERGAGG M, et al. Clinical, societal and personal recovery in schizophrenia spectrum disorders across time: States and annual transitions[J]. The British Journal of Psychiatry, 2021, 1-8.

49. COHEN AN, HAMILTON AB, SAKS ER, et al. How occupationally high-achieving individuals with a diagnosis of schizophrenia manage their symptoms[J]. Psychiat Services, 2016, 11, 23.

50. JESTE DV, et al. Why We Need Positive Psychiatry for Schizophrenia and Other Psychotic Disorders[J]. Schizophr Bull, 2017: 184.

51. JESTE DV, PALMER BW, RETTEW DC, et al. Positive psychiatry: its time has come[J]. J Clin Psychiatry, 2015, 76: 675-683.

医院求助电话

序号	省份	热线名称	联系方式	开通时段	主办单位
1	北京	北京市心理援助热线	010-82951332	24小时	北京回龙观医院
2	天津	天津市心理援助热线	022-88188858 022-88188239	24小时	天津市安定医院
3	河北	河北省心理援助热线	0312-96312	24小时	河北省精神卫生中心
4	山西	山西省心理援助热线	0351-8726199	24小时	山西省精神卫生中心
5	内蒙古	呼伦贝尔市心理援助热线	0470-7373777	24小时	呼伦贝尔市第三人民医院
6	辽宁	辽宁省心理援助热线	12320-3	24小时	辽宁省精神卫生中心
7	吉林	吉林省心理援助热线	0431-81177000 0434-5079510 0431-12320-6	24小时	吉林省神经精神病院、长春市心理医院
8	黑龙江	黑龙江省心理援助热线	0451-12320	24小时	黑龙江省疾控中心
9	上海	上海市心理热线	962525	24小时	上海市精神卫生中心
10	江苏	江苏省心理援助热线	025-83712977 025-12320-5	24小时	南京医科大学附属脑科医院
11	浙江	浙江省心理援助热线	96525	24小时	浙江省卫生健康委员会

续表

序号	省份	热线名称	联系方式	开通时段	主办单位
12	安徽	合肥市心理援助热线	0551-63666903	24小时	合肥市第四人民医院
13	福建	福建省心理援助热线	0591-85666661	24小时	福建省福州神经精神病防治院
14	江西	江西省社会心理服务热线	966525	24小时	江西省心理咨询师协会
15	四川	四川省心理援助热线	028-87577510 028-12320-496111	24小时	四川省卫生健康委员会
16	西藏自治区	西藏自治区心理咨询热线	0891-12320	24小时	拉萨市疾病预防控制中心

后　记

　　凝视着这本书最后的段落，我们的内心满溢着柔和却强烈的情感。因着对精神心理疾病的理解与感同身受，以及深切的期望用专业知识帮到更多深受困扰的人们，华夏心理开启了精心陪伴项目，一个专注于心理学科普与精神医学康复的团队应运而生，并历时2年打造了这本书。这次写作的经历不仅是一段职业旅程，更是一场深情的心灵对话。

　　本书涉及的主题丰富：从个人的情绪管理和压力应对，到亲子关系、亲密关系以及职场人际交往中的挑战；从面对他人"另类"行为的耐心理解，到陪伴患病亲人的精心关怀。书中汇集了很多真实的案例，并附有一些适用的策略，这些策略不仅是理论上的建议，更是灵活运用到日常生活的工具。希望这些内容能够帮助读者构建一个全方位理解和应对心理挑战的知识框架。

　　除了知识内容，人文关怀也非常重要。本书高度关注消除心理健康疾病的污名化，并且提供了相应的解决方案和公众教育的建议，希望通过这些内容引导人们以更加开放的心态对待心理健康，打破围绕心理疾病的社会偏见，鼓励遇到困扰的人主动寻求帮助，让关怀与理解成为我们共同的语言。同时，通过阅读本书我们不难发现，无论是面对自己的生命挑战，还是想要理解和帮助他人，都需要耐心、包容和不断地学习成长。希望借由本书，让更多人在面对生活的困扰和挑战时，感到并不孤单。

此书的完成，离不开精神专科医生、心理学家和康复专家们的支持与贡献，也离不开那些愿意分享自身经验和感悟的患者和家属们的开放和诚挚，他们的经验与见解，是本书价值与温暖的源泉。书中的每个字、每一页，都体现着我们共同对抗精神疾病和心理困扰的坚定意志。

在此，向所有勇敢面对精神健康挑战的人表示最深的敬意，感谢您的信任与支持。同时，我们也希望这本书能够激发更多人对精神健康议题的关注与理解，愿我们所有人的心灵之旅，充满光明与希望。

华夏心理·精心陪伴项目组

2024.6